ZEITSCHRIFT FÜR ANGEWANDTE GEOLOGIE

HERAUSGEGEBEN VON
DER STAATLICHEN GEOLOGISCHEN KOMMISSION
UND DER ZENTRALEN VORRATSKOMMISSION
DER DEUTSCHEN DEMOKRATISCHEN REPUBLIK

AUS DEM INHALT

AKADEMIE-VERLAG · BERLIN

BAND 5 / HEFT 12
DEZEMBER 1959
SEITE 565–612

INHALT

Die ZEITSCHRIFT FÜR ANGEWANDTE GEOLOGIE berichtet ständig ausführlich über folgende Arbeitsgebiete: Geologische Grundlagenforschung und Lagerstättenforschung / Methodik der geologischen Erkundung / Ökonomie und Planung der geologischen Erkundung / Technik der geologischen Erkundung / Geologie und Lagerstättenkunde im Ausland / Bibliographie, Verordnungen, Richtlinien, Konferenzen, Personalnachrichten

Die ZEITSCHRIFT FÜR ANGEWANDTE GEOLOGIE ist kein Organ einer engen Fachgruppe. Auf ihren Seiten können alle strittigen Fragen der praktischen Geologie behandelt werden. Die Autoren übernehmen für ihre Aufsätze die übliche Verantwortung.

Herausgeber: Staatliche Geologische Kommission und Zentrale Vorratskommission für mineralische Rohstoffe der Deutschen Demokratischen Republik. Chefredakteur: Prof. Dr. Erich Lange Berlin. Redaktion: Berlin N. 4, Invalidenstraße 44. Verlag: Akademie-Verlag GmbH, Berlin W 1, Leipziger Straße 3–4 (Fernsprecher 220441, Postscheckkonto: Berlin 35021). Bestellnummer des Heftes: 1047/5/12. Die „Zeitschrift für angewandte Geologie" erscheint monatlich. Bezugspreis 2,– DM je Heft. – Satz und Druck: Druckhaus „Maxim Gorki", Altenburg. Veröffentlicht unter der Lizenznummer ZLN 5008 des Ministeriums für Kultur, Hauptverwaltung Verlagswesen. Karten: MdI der DDR Nr. 5192/K 11. Printed in Germany

ZEITSCHRIFT FÜR ANGEWANDTE GEOLOGIE

CHEFREDAKTEUR: PROF. DR. E. LANGE

BAND 5 · DEZEMBER 1959 · HEFT 12

Zur Methodik geochemischer Prospektionsarbeiten auf Buntmetalle im Mittelgebirge

HANS JÜRGEN RÖSLER, Jena

1. Einleitung

In der DDR sind bisher nur vereinzelt Prospektionsversuche mit geochemischen Methoden unternommen worden. Sie betrafen die Prospektion hydrosilikatischer Nickelerze (F. LEUTWEIN & L. PFEIFFER 1954), von Blei-Zink-Erzgängen (B. LANGE-FABIAN 1956) und von Selenvererzungen (R. STARKE 1956). Untersuchungen ähnlicher Art mit wirtschaftlichem Aspekt wurden auf hydrogeochemischem Gebiet (W. OESTREICH 1956) und bei der Spurenelementprospektion kohliger Gesteine (F. LEUTWEIN & H. J. RÖSLER 1956) durchgeführt. Diese Arbeiten brachten interessante Ergebnisse; eine systematische Fortsetzung derselben mit der Perspektive einer praktischen Verwertung für die Lagerstättensuche erfolgte nicht. Neuerdings werden erstmalig geochemische Prospektionsarbeiten seitens der Staatlichen Geologischen Kommission durchgeführt. Über einige Erkenntnisse in bezug auf die Untersuchungsmethodik soll hier berichtet werden.

Es bestand zunächst die Aufgabe, eine rationelle Prospektionsmethode für das Aufsuchen von Buntmetallen, besonders Kupfer, Blei und Zink, in rotliegenden Eruptivgesteinen des Thüringer Waldes auszuarbeiten. Das vorgesehene, über 4 km² große Prospektionsgebiet liegt etwa 600—800 m über NN, ist wald- und wiesenreich und hat ein kräftiges Relief (örtlich über 30° Hangneigung). An den Hängen sind Schuttmächtigkeiten von mehreren Metern bekannt. Die hydrographischen Verhältnisse sind in den flachwelligen Hochgebieten unübersichtlich (örtlich Sumpf- und Moorbildung), zu den Haupttälern hin erfolgt über größere, durch Wiesenflächen gekennzeichnete Einzugsgebiete eine kräftige Entwässerung durch Rinnsale und Bäche.

Für eine detaillierte geochemische Erkundung bot sich die biogeochemische (mit Pflanzenproben) und pedogeochemische (mit Bodenproben) Methode[1]) an. Die besonderen geologischen Verhältnisse (starke Schuttbildung und kräftige flache bis oberflächliche Entwässerung) ließen die biogeochemische Methode als vorteilhaft erscheinen, da mehrjährige Pflanzen (im Untersuchungsgebiet Fichtenbestände) durch ihr Wurzelsystem bis in die C-Horizonte reichen und eine bessere Widerspiegelung der Elemente des Untergrundes erwarten ließen.

2. Biogeochemische Prospektionsversuche

Die Durchführung einer biogeochemischen Prospektion setzt normalerweise die Verbreitung einer Pflanzenart über das gesamte Untersuchungsgebiet voraus. Diese Bedingung war für etwa 80% der Gesamtfläche durch den Fichtenbestand gegeben. Auf die Vermessung der Wiesengebiete mit ihrer bekannten Tendenz zur Bildung „falscher" geochemischer Anomalien hätte man notfalls verzichten können. Das Alter des Fichtenbestandes war jedoch sehr unterschiedlich. Neben großen Hochwaldflächen (Alter 60—80 Jahre) sind Fichtenschonungen (Alter 3—30 Jahre) und Kahlschläge mit noch jüngeren Anpflanzungen und natürlichem Anflug vorhanden. Gebiete, in denen Fichtenproben nicht genommen werden konnten, waren außerhalb der Wiesengebiete also praktisch nicht vorhanden bzw. waren für die Lösung der Aufgabe unwesentlich.

Es war also zu klären, inwieweit der Spurenelementgehalt der Fichten an einem bestimmten Probenahmepunkt in Abhängigkeit von deren Alter schwankt und wie groß die Schwankungsbreite der interessierenden Elemente innerhalb einer Fichte ist. Wären diese Unterschiede gering, so wäre eine biogeochemische Prospektion grundsätzlich durchführbar. Dies sollte an Profilserien, die über eine bekannte Vererzungszone gelegt wurden, überprüft werden.

Die Untersuchungsergebnisse seien an mehreren Beispielen dargelegt. Vorausgeschickt werden einige allgemeine und analytische Angaben.

2.1 Allgemeine und analytische Angaben

2.11 Pflanzenprobenahme

Die Rindenproben werden mit einem kleinen scharfen Beil an mindestens 2 Stellen des Baumes in stets gleicher Höhe genommen. Größe der Proben etwa 10 cm im Quadrat. Bei einiger Übung erhält man die Rinde praktisch holzfrei. Für alle Pflanzenproben sind zum Transport Papiertüten völlig ausreichend. Heftklammern zum Verschließen der Tüten sind zu empfehlen.

Zur Probenahme von Zweigen empfiehlt sich eine geschärfte Beißzange oder eine Baumschere. Auch hier werden die Zweige mindestens von zwei verschiedenen Ästen, möglichst in gleicher Höhe, genommen. Alle Proben, die in diesem Bericht unter „Zweige" laufen, sind bei älter als etwa dreijährigen Pflanzen (v. a. Fichten) ca. 10 cm von der äußersten Spitze der Zweige entfernt genommen worden.

---

[1]) Der Ausdruck „pedogeochemische Prospektion" wird hier, soweit mir bekannt, erstmalig in der deutschen Literatur verwendet. Ich schlage ihn als Synonym für „geochemische Prospektion mit Bodenproben" vor, um einen gleichwertigen kurzen Ausdruck in Ergänzung der gängigen Begriffe „biogeochemische" und „hydrogeochemische Prospektion" zur Verfügung zu haben. In der amerikanischen Literatur ist das Wort „pedogeochemical" bereits eingeführt (W. OESTREICH 1956).

2.12 Vorbereitung zur Analyse

Die Ermittlung von Spurenelementen in Pflanzenproben erfolgt durch die Analyse der Pflanzenaschen. Vorteilhaft ist es, das Material vor der Veraschung zu trocknen. Es ist durchaus möglich, dies sofort in den Probetüten selbst vorzunehmen. Diese werden etwas geöffnet und auf die Seite gelegt, um Staubverschmutzung zu vermeiden. Ist die Analyse eilig, kann man anstatt der üblichen Trocknung auf Hordengestellen eine solche gut auf Zentralheizung oder in großen Trockenschränken vornehmen. Zwei bis drei Tage genügen meist. Von den Zweigproben werden die Nadeln entfernt, da diese fast stets sehr viel geringere Spurenelementgehalte aufweisen und nur verdünnend wirken. Von den Rindenproben werden größere Mengen noch anhaftenden Holzes möglichst entfernt. Die Rinden- und Zweigproben werden in etwa cm-große Stücke gebrochen.

Die Veraschung des zerkleinerten Materials erfolgt in Porzellanschälchen unter dem Abzug. Die Probe wird durch ein Glasschälchen, das auf Glashaken liegt, vor Verschmutzung geschützt. Die Veraschung geschieht mit offener Flamme (Bunsenbrenner), wobei mittlere Temperaturen ausreichen, um eine Probe in 15—30 Minuten vollständig zu veraschen. Es ist empfehlenswert, die „Deckgläser" von Zeit zu Zeit zu reinigen, damit die sich absetzende Teersubstanz nicht in die Porzellanschale zurücktropft. Man kann mindestens fünf Proben gleichzeitig veraschen. Bei guter Arbeitsvorbereitung und genügendem Platz unter dem Abzug kann die Zahl auf zehn erhöht werden.

2.13 Analyse

Die Analyse der Asche- und auch Bodenproben wurde spektrochemisch mit dem UV-Glas-Spektrographen FD-U von ROW durchgeführt. Eingehende Versuche wurden unternommen, um die Möglichkeit zu prüfen, ob eine Anregung der festen Proben in Funken mit ausreichender Nachweisempfindlichkeit durchzuführen ist. Versuchsreihen zeigten, daß die Funkenspektrogramme einer einzelnen Aschen- (und Boden-)probe gut reproduzierbar sind, der Fehler also relativ gering ist. Leider sind die Nachweisgrenzen von Pb, Zn und Ag für Boden-, Holz- und Zweigproben nicht ausreichend, z. T. auch nicht einmal für Cu. Auch die Verwendung weicher empfindlicher Platten verbessert das Resultat nicht wesentlich. Dagegen lassen sich abgefunkte Aschen von Rindenproben meist gut auf Cu und Zn auswerten. Da von vornherein die Gehalte in den Proben nicht abzuschätzen sind, wurden alle Proben im Gleichstromdauerbogen angeregt. Die Nachweisgrenzen waren für Bogen und Funken wie folgt (Agfa-Spektralplatte „Rot extra hart"):

Anregung	Cu %	Pb %	Zn %	Ag %
Bogen	0,0003	0,01	0,01	0,0003
Funken	0,01	0,1	0,1	0,003

Aufnahmedaten: Bogen: anodische Schaltung, Belichtungszeit 20 sec (ohne Sektor), 8 Amp., Elektrodenabstandkontrolle über Zwischenblende.
Funken: 24 μF; 0,08 mH, Belichtung 2,5 min, Feußner-Funkenerzeuger.

Als Probeträger wurden T-3-Spektralkohlen des VEB Elektrokohle Berlin-Lichtenberg benutzt. Wir verwendeten normale selbstgedrehte Lochkohlen mit verminderter Außenwandstärke. Alle Kohlen wurden mit KNO_3 gepuffert, um Blei im Cyanbandenbereich auswerten zu können. Die belichteten Platten wurden 5 Minuten mit Rodinal entwickelt.

2.14 Analysenauswertung

Die erhaltenen Spektrogramme wurden durchweg photometrisch ausgewertet. Die absoluten Gehalte wurden über Eichkurven der einzelnen Elemente bestimmt. Die zur Konstruktion der Eichkurven benutzten Konzentrations- bzw. Schwärzungswerte sind jeweils der Durchschnitt von 5 Spektralaufnahmen.

Bei der Zusammenstellung der Grundsubstanz für die Eichmischung sollte man bedenken, daß Pflanzenaschen oft eine sehr schwankende Zusammensetzung haben und von normalen silikatischen Vergleichsmischungen erheblich abweichen. Um einen Anhaltspunkt in dieser Richtung zu haben, wurden die Hauptkomponenten einer Asche von Fichtenzweigen chemisch mit folgendem Ergebnis analysiert:

Tabelle 1. Chemische Analyse der Asche von Fichtenzweigen (Gehalte in Gew.-%, Anal. LIPPOLD)

SiO_2	3,5
Al_2O_3	24,7
Fe_2O_3	3,1
MnO	6,3
MgO	14,5
CaO	18,0
Na_2O	1,5
K_2O	9,8
Cl	1,4
SO_3	10,3
Summe	93,1

Rest z. B. TiO_2, CO_2, P_2O_5, andere komplexe Anionen usw.

2.2 Spurenelementverteilung in mehrjährigen Fichten

(Gehalte in g/t in der Asche)

2.21 Fichtenhochstamm, 24 m lang (ohne 3 m lange abgebrochene Spitze)

Tabelle 2

Probe	Cu	Zn	Ag
Boden	5	—	—
Wurzel	55	(500)	9
Rinde 0 m	130	3600	2
„ 5 m	130	3000	2
„ 10 m	45	4000	1
„ 15 m	35	3400	2
„ 20 m	130	4500	2
„ 24 m	140	1800	9
Zweige 24 m	240	900	5
Zapfen 24 m	100	600	1
Holz 0 m	30	750	7
Holz 24 m	75	1100	4

Die Anreicherungstendenzen verlaufen bei den einzelnen Elementen unterschiedlich. Die Wurzel hat bei Cu und Zn geringe, bei Ag Maximalgehalte. Holz hat gegenüber Rinde fast stets geringere Gehalte an Cu und Zn. Die Schwankungen der Gehalte in der Rinde in Abhängigkeit von der Höhe sind bei Cu und Ag bedeutend.

2.22 Fichte, 4 m hoch, Alter 13 Jahre, auf Erzhalde

Tabelle 3

	Holz				Zweige				Rinde			
Höhe cm	Cu	Ag	Zn	Pb	Cu	Ag	Zn	Pb	Cu	Ag	Zn	Pb
50	60	4,8	950	10	1200	4,2	1300	750	1200	6	1200	600
100	1400	24	1700	90	1900	6	1900	1500	200	2,5	1300	800
150					1500	5	1800	750				
200	400	10	1500	15	1200	6	2500	900	500	4,3	900	1000
250					100	5,6	1800	750				
300	40	1,5	700	10	1500	4,4	110	650	500	4	1100	750
350					300	1,8	1200	400				
400									500	1,5	750	150
410					100	1,7	800	150				
Zapfen	1100	1,5	1000	180								
Gras[1])	220	1,5	1000	100								

[1]) Vom gleichen Standort

2.23 Fichte, 3,5 m hoch, Alter 10 Jahre

Tabelle 4

Höhe cm	Holz Cu	Ag	Zn	Pb	Zweige Cu	Ag	Zn	Pb	Rinde Cu	Ag	Zn	Pb
50	300	5,4	2000	2000	550	2,6	1400	1100	300	6,4	1300	600
100												
150	1200	5,3	1700	1700	1100	7,8	4000	1100	500	5	100	1100
200												
250					600	2,0	2000	1200	250	3,4	1000	1500
300												
350	650	12	1000	4000	200	1,8	1600	1000	800	1,7	950	800
Fichte[1] (4jährig)	600	9,4	4500	1100								

[1]) Vom gleichen Standort

Auch aus diesen beiden „Baumprofilen" ist zu ersehen, daß die Konzentrationen aller untersuchten Elemente in Abhängigkeit von der Probenahmehöhe erheblich schwanken können. Eine gewisse Gesetzmäßigkeit ist insofern abzulesen, als sowohl bei Holz als auch bei Rinde und Zweigen die unteren Baumteile durchschnittlich höhere Gehalte aufweisen. Ein grundlegender Unterschied zwischen Profil 2 (aus „Erzzone" auf Halde) und Profil 3 (außerhalb der „Erzzone") ist nicht festzustellen!

2.24 Elementverteilung innerhalb von Fichtenzweigen (Fichte 15jährig)

Tabelle 5

Probe	Beispiel 1 (in 1 m Stammhöhe) Cu	Ag	Zn	Pb	Beispiel 2 (in 0,5 m Stammhöhe) Cu	Ag	Zn	Pb
Zweiganfang	750	19	1400	900	1100	8	1900	650
Zweigmitte	2000	17	1800	700	450	3,7	1300	1400
Zweigende	1200	4,2	1300	750	550	2,6	1400	1100

Die Gehalte an Cu, Ag, Zn und Pb schwanken selbst innerhalb der Probenahmepunkte an einem Zweig beträchtlich. Irgendwelche gesetzmäßigen Entwicklungen sind, außer beim Silber, nicht zu erkennen.

2.3 Vergleich der Spurenelementgehalte verschiedener Pflanzenarten von einem Standort (Gehalte in g/t)

2.31 Standort 1

Probe	Cu	Ag	Zn
Zweige 5jähr. Fichte	600	4	1800
„ 2jähr. Birke	550	8	2000
Gras	110	1,5	1500

2.32 Standort 2

Probe	Cu	Ag	Zn
Zweige 6jähr. Fichte	900	5	4600
„ Birke	250	6	3000
Gras	100	2	1300

2.33 Standort 3

Probe	Cu
Buchenzweige	170
Fichtenzweige	150
2jähr. Tanne	180

Diese Zusammenstellungen von Proben, die an einem Punkt dicht nebeneinander genommen wurden, zeigen, daß die Aschen von Gräsern bei allen Elementen gegenüber denen von Zweigen weitaus die geringsten Gehalte unter den untersuchten Pflanzenproben aufweisen. Ein Übergang von Fichtenzweigen zu Gräsern bei der Prospektion innerhalb eines Profils ist also nicht möglich. Dagegen ist die Abweichung der Gehalte von Birken- und Buchenzweigen geringer und liegt im Streubereich einer Pflanzenart (z. B. Fichte). Meist liegen die Gehalte der beiden Laubholzzweige etwas tiefer.

2.4 Profile mit Pflanzenproben

Nachdem im vorhergehenden Abschnitt die Schwankungsbreite der Elemente innerhalb einer Pflanze festgestellt wurde, sollte in zwei profilmäßig genommenen Probenreihen über eine „Erzzone" (Pingenzone) überprüft werden, ob die durch verdeckte Erzhorizonte erfolgte Anreicherung von Elementen in den Pflanzen über diesen Pegel hinausreicht. Die Ergebnisse dieser geochemischen Profile, die örtlich nicht zusammenfallen, sind in den Abb. 1 und 2 dargestellt.

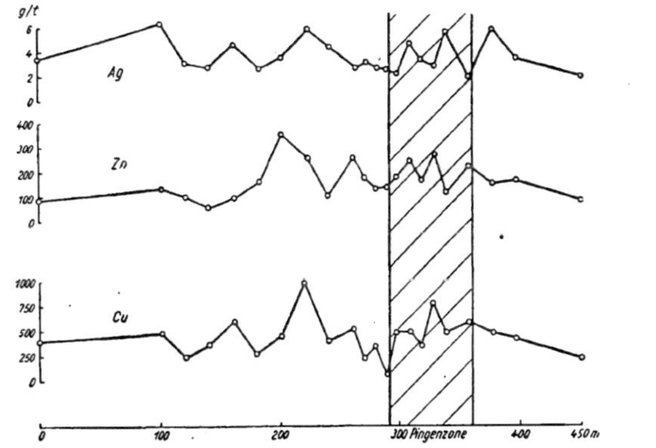

Abb. 1. Verteilung der Kupfer-, Zink- und Silbergehalte in den Aschen von Fichtenzweigen längs eines 450 m langen Profils über eine Pingenzone

2.41 Profil mit Fichtenzweigen (Abb. 1)

Die Pingen- bzw. Haldenzone wird gut durch eine Cu-Anomalie widergespiegelt, beim Zink und Silber ist dies weniger deutlich der Fall. Auffallend ist eine für alle drei Elemente, besonders aber für Cu und Zn nachgewiesene weitere Anomalie außerhalb der Pingenzone etwa bei Profilpunkt 200 m. Diese Anomalie konnte bei der späteren pedogeochemischen Prospektion bestätigt werden.

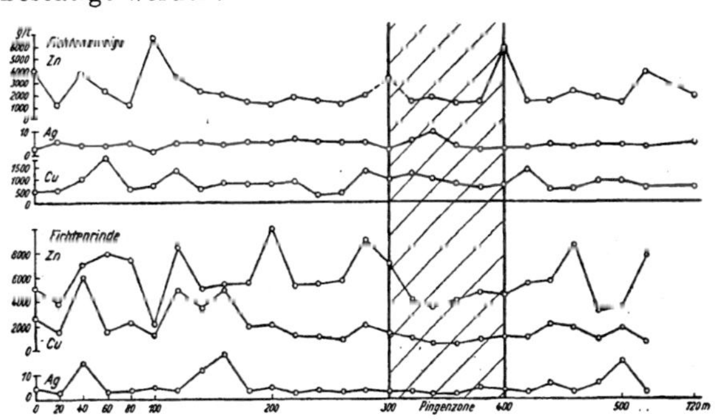

Abb. 2. Verteilung der Kupfer-, Zink- und Silbergehalte in den Aschen von Fichtenzweigen und Fichtenrinden längs eines 520 bzw. 720 m langen Profils über eine Pingenzone

2.42 Profil mit Fichtenrinden und Fichtenzweigen (Abb. 2)

In diesem Profil wurden Fichtenrinden von Hochstämmen und Zweigen von maximal 5jährigen Fichten parallel genommen und in der Abb. 2 die Analysenwerte getrennt profilmäßig dargestellt.

Bei den Fichtenrinden gehen Cu und Ag weitgehend parallel, während Zn meist eigene Anreicherungstendenzen zeigt. Bei Cu und Ag sind zwei deutliche Maxima östlich (links) der eigentlichen vermuteten Erzzone festzustellen. Die „Erzzone“ selbst hat trotz Malachitspuren auf den Halden die niedrigsten Gehalte, während am westlichen Profilende nochmals eine geochemische „Unruhe“ bemerkbar ist.

Bei den Fichtenzweigen sind die Verhältnisse etwas unklarer. Die Cu-Werte sind nicht so gut differenziert, zeigen aber die gleichen Maxima in den ersten 200 m des Profils. Diese letzteren Anomalien werden bei den Zweigen auch durch Zn abgebildet. Wie vorsichtig man jedoch bei diesem Element sein muß, zeigen die völlig entgegengesetzten Werte bei Profilpunkt 100 m, deren Richtigkeit überprüft wurde.

Aus der vergleichenden Betrachtung aller Kurven sind geochemisch anomale Verhältnisse im Bereich von 0—200 m des Profils festzustellen. Auch diese Anomalie konnte durch die spätere pedogeochemische Prospektion sicher bestätigt werden. Die Pingenzone ist nicht einwandfrei nachweisbar.

2.5 Zusammenfassung

Die systematischen Untersuchungen zeigen, daß mehrjährige Pflanzen (Sträucher, Bäume) eine erhebliche Schwankungsbreite der Elemente Cu, Pb, Zn und Ag in ihren verschiedenen Teilen aufweisen. Um diese Schwankungsbreite zu überdecken, bedarf es räumlich begrenzter und quantitativ erheblicher Elementkonzentrationen im Boden. Diese sind im untersuchten Bereich meist nur unklar zu erkennen. Der Zinkpegel in der Pflanze liegt so hoch, daß bei dem offensichtlich niedrigen Angebot an diesem Element seine möglichen Anomalien nur undeutlich in Erscheinung treten. Ähnliches gilt für Silber, wobei die relativ sehr starke „Streuung“ dieses Elements in der Pflanze hinderlich ist. Verschiedentlich fallen jedoch Anomalien von Cu und Ag zusammen.

Bei mehrjährigen Pflanzen (in diesem Falle Fichten) speichern normalerweise die ältesten Teile der Pflanze die höchsten Gehalte, so die Rinde und die unteren Stammteile. Hier tritt allerdings auch die größte Schwankungsbreite in der Elementkonzentration auf. Geringere Gehalte haben meist die Zweig- und Baumspitzen sowie das Holz (trotz geringsten Aschengehalts!). Zweige von Fichten, Buchen und Birken des gleichen Standortes haben ähnliche Gehalte, Gräser dagegen fast stets wesentlich niedrigere.

Es sei nochmals betont, daß die Schwankungen der Elementgehalte sich auf die festgestellten Gehalte in den Aschen der entsprechenden Pflanzenteile beziehen. Es ist also durchaus möglich und z.T. sogar wahrscheinlich, daß die Gehalte in der unveraschten Substanz viel geringer variieren. Jedoch würde die Bestimmung des Aschegehalts jeder Probe die biogeochemische Prospektionsmethode sehr erschweren, wenn nicht unrationell machen.

Profile mit paralleler Untersuchung von Hochwaldrinden und Zweigen jüngerer Fichten weisen nach, daß die Hauptentwicklung der Elemente (v. a. Cu) häufig parallel geht, daß aber die schwankenden Gehalte der Rinden eine einwandfreie Parallelisierung der Anomalien oft verhindern. Immerhin zeigen alle biogeochemischen Profile, besonders für Cu, gleichmäßig eine Anomalienzone, die östlich (in den Abbildungen links) an die angenommene und eingetragene „Pingenzone“ angrenzt und die durch später durchgeführte pedogeochemische Prospektionsarbeiten bestätigt werden konnte. Die neuesten lagerstättenkundlichen Untersuchungen zeigen, daß die Verteilung der Pb-, Zn- und Cu-Erze und ihr Mengenverhältnis zueinander nicht gleichmäßig ist, so daß ein Zusammenfallen der entsprechenden Anomalien gar nicht zu erwarten ist.

3. Pedogeochemische Prospektion

3.1 Prospektionsversuche

Nachdem sich die Durchführung biogeochemischer Methoden als unzweckmäßig erwiesen hat, wurden Voruntersuchungen mit Bodenproben durchgeführt.

Bei einem 500 m langen Profil senkrecht zum Streichen der durch alte Bergbauspuren kenntlichen Zone wurden in Abständen von 20 m Bodenproben aus 40 cm Tiefe (B-Horizont) mit einer Spitzhacke gewonnen. Spektralanalytisch im Bogen wurde eine Fraktion von 60—100 μ der getrockneten Probe analysiert. Die Ergebnisse für die Elemente Cu und Pb sind in Abb. 3 dargestellt. Es ist zu ersehen, daß neben der Anomalie über der durch alte Halden gekennzeichneten Zone eine zweite kräftige geochemische Anomalie auftritt. Die Anomalien bei Kupfer sind wesentlich homogener als bei den Pflanzenproben. Das ist eine Folge der gleichmäßigen Dispergierung dieses Elements in flachen Bodenhorizonten.

3.2 Weitere Bemerkungen zur Methodik der pedogeochemischen Prospektion

Bei der inzwischen abgeschlossenen systematischen Flächenprospektion wurde organisatorisch und methodisch mit z. T. vom üblichen Verfahren abweichenden Arbeitsmethoden gearbeitet. Da die vorliegenden Ergebnisse deren gute Brauchbarkeit erweisen, seien hier einige Erfahrungen mitgeteilt.

3.21 Probenahme

Die Probenahme im gebirgigen bewaldeten Gelände ist mit erheblichem Arbeitsaufwand verknüpft. Eine zweckmäßige Organisation dieser Arbeiten kann erhebliche Mittel einsparen. Normalerweise ist es üblich, daß Vermessungs- und Probenahmetrupp getrennt arbeiten (das gilt sinngemäß auch für geophysikalische Detailvermessung). Eine dauerhafte und klare Kennzeichnung der Profile und Probeentnahmepunkte vom Vermessungstrupp ist dabei erforderlich.

Wir gehen so vor, daß beide Arbeitsgänge komplex von einem kombinierten Trupp erledigt werden. Der Truppführer mißt mit einem geübten Gehilfen mittels Kompaß bzw. Bussole und Bandmaß Basis- und Profillinien ein und legt an den Profilpunkten, an denen die Proben entnommen werden sollen, Probesäckchen einschließlich des mit allen notwendigen Angaben über den Probenahmepunkt ausgefüllten Probezettels aus. Die beiden meist am gleichen Tage folgenden Probenehmer haben nur noch die genommene Probe einzufüllen und einzusammeln. An Hand einer guten Kartenunterlage lassen sich evtl. geringe Abweichungen beim Profileinmessen in bestimmten Abständen (an Wegen, Waldbegrenzungen usw.) korrigieren. Auch im stärksten Dickicht sind die Abweichungen erträglich. Gehen sie bei längeren Strecken über das vertretbare Maß (einige Meter) hinaus, so wird die auf Grund

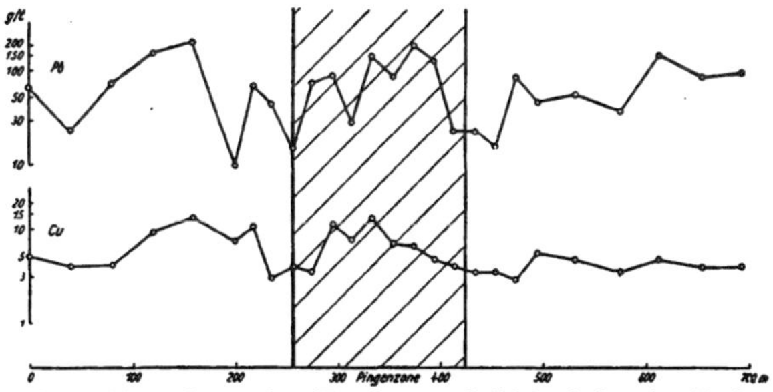

Abb. 3. Verteilung der Kupfer- und Bleigehalte im Boden längs eines 700 m langen Profils über eine Pingenzone

des genau eingemessenen Endpunktes festlegbare „wahre" Profillinie (gegenüber der „projektierten") als Grundlage für die Eintragung des Probenahmepunktes in der Karte benutzt. Mit dieser Methode entfällt, bei allerdings schwerer körperlicher Arbeit des Trupps im oft dichten Gehölz, des Schneisenschlagen, Verpflocken usw., so daß auch infolge geringeren Personalbedarfs und zügiger Erledigung des Probenahmeprogramms die Kosten erheblich unter den sonst normalen Sätzen liegen. Da die Vermessung in stark bergigem Gelände natürlich ständig Entfernungskorrekturen gegenüber den auf die Ebene projizierten Profilpunktabständen verlangt, die bei dieser Methode nur überschlagsmäßig berücksichtigt werden, ist natürlich eine gewisse Erfahrung Voraussetzung. Wird das geochemisch prospektierte Gebiet auch geophysikalisch vermessen, ist es jedoch von Vorteil, wenn die Vermessungsarbeiten von einem speziellen Vermessungstrupp für beide Erkundungsverfahren gemeinsam ausgeführt werden.

Die Probenahme selbst erfolgt mit Bohrstock und Hammer nach der sog. Dreipunktmethode, d. h., es werden um den festgelegten Entnahmepunkt im maximalen Abstand von 2 m im Umkreis mindestens 3 Einstiche vorgenommen. Die Probenahmetiefe wurde mit 70—80 cm festgelegt und liegt damit im Normalfall an der Untergrenze des B-Horizontes. Die meist darunterliegenden Geröll- und Breccienhorizonte sind für die Gewinnung von feinkörnigem Probegut ungeeignet.

Zur Klärung der Verteilung der gesuchten Elemente im Bodenprofil wurden an zwei Stellen Schürfe angelegt und je vier Proben aus verschiedener Teufe genommen. Von diesen Proben wurde der p_H-Wert (in KCl und H_2O) und die Gehalte an Cu und Zn bestimmt. Letztere werden hier durch den Logarithmus der Schwärzung (log S) der photometrierten Kupfer- und Zinklinien als relative Werte angegeben.

Bodenprofil 1 (Kahlschlag mit Grasnarbe und Fichtenanflug)

0,0—0,1 m schwarzer bis schwarzgrauer, stark humoser lehmiger Boden steinig, durchwurzelt

0,1—0,6 m brauner, lockerer, lehmig-feinsteiniger Boden, oberer Teil durchwurzelt

0,6—1,2 m grauer, toniger Boden; kompakt, weniger, aber gröber steinig (bis 5—7 cm ∅), zentimeterstarke schlierige Einlagerung bräunlicher lehmiger Zonen

Tabelle 9

Probe		p_H-Wert			Relative Gehalte (log S)	
Nr.	Teufe m	in KCl	in H_2O	Differenz	Cu	Zn
1	0,10	3,20	3,40	0,2	80	15
2	0,50	3,85	4,10	0,25	118	15
3	1,00	3,89	4,25	0,30	122	10
4	1,20	3,30	4,20	0,90	107	8

Bodenprofil 2 (Grenze feuchte Wiese — Kahlschlag, Grasbedeckung)

0,0—0,2 m humoser Boden, oben schwarz, unten graubraun werdend, lehmig und etwas steinig, durchwurzelt

0,2—0,9 m brauner, lehmiger, feinsteiniger Boden mit einzelnen größeren Brocken, Durchwurzelung bis 0,9 m

0,9—1,2 m grauer und toniger werdend, kräftige Zunahme grober Gesteinsbrocken (maximal mehrere dm ∅)

Tabelle 10

Probe		p_H-Wert			Relative Gehalte (log S)	
Nr.	Teufe m	in KCl	in H_2O	Differenz	Cu	Zn
1	0,1—0,2	3,30	3,65	0,35	96	10
2	0,5	3,55	4,25	0,70	88	9
3	1,0	3,60	4,30	0,70	90	7
4	1,2	3,45	4,45	1,00	106	<7

Aus diesen beiden Profilen lassen sich einige interessante Schlußfolgerungen ziehen:

1. Der Aufbau der beiden Profile ist ziemlich gleichartig. Die tonige Komponente nimmt nach unten zu. Unterhalb 1,2 m geht der Boden meist ziemlich schnell in die grusig-steinigen Lagen des C_1-Horizontes über.

2. Der p_H-Wert nimmt nach unten zu, um bei 1,2 m zum Teil wieder etwas abzunehmen. Der absolute p_H-Wert (gemessen in Wasser) liegt stets unter p_H 4,5. In diesem Bereich sind die meisten Kupferverbindungen unbeständig. Daraus ist zu schließen, daß die Hauptmenge des Kupfers adsorptiv gebunden vorliegt. Interessant ist die steigende Tendenz der Differenz zwischen den p_H-Werten, gemessen in KCl und H_2O. Sie ist wahrscheinlich auf die Zunahme des Gehalts an feinkörniger Fraktion im Boden (Tonkomponente) zurückzuführen.

3. Die Gehalte an Kupfer zeigen in beiden Profilen keine gleichmäßige übereinstimmende Entwicklung. Unterhalb des humosen A-Horizontes sind die Schwankungen jedoch gering. Ganz im Gegensatz dazu hat Zink seine höchsten Gehalte in den oberen Bodenhorizonten. Diese Gehalte nehmen gleichmäßig nach unten ab.

Für die Probenahme ergibt sich also, daß es in Zukunft bei Prospektionen im Gebiet brauner Waldböden nicht notwendig ist, die Probe aus 70—80 cm Tiefe zu entnehmen, sondern daß eine Probenahmetiefe von 50 cm voll ausreicht, wenn man auf mehrere Elemente prospektiert.

3.22 Probenvorbereitung

Nach der Trocknung und dem leichten Zerstoßen des Probematerials im Porzellanmörser erfolgt die Siebung. Entgegen den in einigen Ländern geübten Verfahren, die gesamte Probe zu brechen und aufzumahlen, benutzen wir zur Analyse nur die Fraktion $<100\,\mu$. Diese Methode spart sehr viel Zeit und Aufwand und ist in vielen Fällen sogar eindeutiger. Es ist vorteilhaft, bei der Siebung einen Siebsatz von 4—5 Sieben zu verwenden, der so zusammengestellt ist, daß die gröbere steinige Fraktion der Probe in den ersten Sieben zurückgehalten wird und die feine Fraktion möglichst schnell „durchfällt". Dadurch wird eine Verunreinigung des Probegutes aus dem Messing- bzw. Kupfergeflecht der Siebe auf ein Minimum reduziert. Besonders vorteilhaft ist die Verwendung von Stahlsieben bei den größeren und Perlongeweben bei den feineren Maschenweiten. Die Analysenfraktion $<100\,\mu$ wird vor der Analyse kurz (etwa eine Minute) im Porzellanmörser durchgerieben. Die bei der Siebung anfallende Grobfraktion (>1 mm) wird zur Feststellung der Gesteinsart des Untergrundes binokular durchgesehen.

3.23 Analyse

In der Fraktion $<100\,\mu$ fallen bei einem Gesamtgewicht der Ausgangsprobe von 100—300 g Probemengen von 2—20 g an. Diese Mengen reichen in jedem

Abb. 4. Photographie eines Gerätes zur Bearbeitung von Spektralkohlen („Spektralkohlenformer") etwas verkleinert; s. auch Abb. 5

Fall für eine größere Anzahl von Analysen auf spektrochemischem und kolorimetrischem Wege aus. Da die Dithizonmethode schon eine weitgehende Standardisierung erreicht hat, soll hier nur auf die Spektralanalyse eingegangen werden.

Für die spektrochemische Analyse Tausender von Bodenproben kommt nur ein mit erträglichem Aufwand durchzuführendes Verfahren in Frage. Wir arbeiten wie folgt:

Die feinste Fraktion der Bodenproben wird in eine relativ billige, normal gereinigte, 5 mm starke Spektralkohle mit 2 mm Lochdurchmesser, 4 mm Lochtiefe und durch Abdrehen auf 3,3 mm verringerten Außendurchmesser gestopft, und zwar jeweils von jeder Probe 2 Kohlen. Der hohe Bedarf an bearbeiteten Spektralkohlen erfordert natürlich eine zeitsparende Vorrichtung zu deren Herstellung. In Anlehnung an frühere, leider meist vergessene Vorbilder, wurde im Mineralogischen Labor des Geologischen Dienstes Jena die in den Abb. 4 und 5 dargestellte Vorrichtung gebaut.

Dieses Spektralkohlenbearbeitungsgerät ermöglicht in Verbindung mit einer Uhrmacherdrehbank die Herstellung beliebiger Spektralkohlenformen in einem Arbeitsgang. Die von uns verwendeten Dreh- und Bohrstähle „stehen" im Durchschnitt 500—1000 Kohlen, bevor sie neu bearbeitet werden müssen (Dauer wenige Minuten). Neben dem Vorteil der unbedingten Gleichmäßigkeit der bearbeiteten Kohlen ist die Zeiteinsparung bedeutend.

Der Abbrand der Proben erfolgt 20 sec lang ohne Sektor im Gleichstromdauerbogen bei 8 A. Da auf jegliche Zumischung von Leitelementen aus Zeitersparnis verzichtet werden muß, ist die Einhaltung der Anregungsbedingungen besonders wichtig. Sehr vorteilhaft erweist sich hier die Gleichartigkeit der Zusammensetzung der ± aus Tonmineralen aufgebauten Feinfraktion, die größere Fehler von dieser Seite her ausschließt.

Mindestens ebenso wichtig wie die Einhaltung der Anregungsbedingungen ist diejenige der Entwicklungsbedingungen der Spektralplatte, da keine im Elementgehalt definierten Vergleichsproben mit auf die Platte aufgenommen werden. Um jegliche Fehlerquelle bei diesem Arbeitsgang auszuschalten, haben wir die Entwicklung folgendermaßen mechanisiert (vgl. Abb. 6): Die Schale mit dem Entwickler ist in einen Kasten eingehängt, der über zwei Ansatzstutzen und Schläuche mit einem Thermostaten in Verbindung steht. Dieser bringt den Wasserinhalt des Kastens auf die festgelegte Temperatur und hält sie konstant. Der Kasten mit eingesetzter Entwicklerschale wird auf einen Untersatz gestellt, dessen Deckel durch einen kleinen Motor (Scheibenwischermotor) über einen Exzenter langsame, einseitige Hubbewegungen (1 Hub = 2—3 sec) ausführt.

3.24 Auswertung

Die Auswertung der entsprechenden Spektrallinien erfolgt photometrisch. Vor der Vermessung der Linien werden unter dem Spektrenprojektor alle die Spektren vermerkt und ausgeschieden, die auf Grund eines abnormalen Gesamteindrucks die Vermutung einer fehlerhaften Anregung aufkommen lassen. Betrifft dies beide Spektren einer Probe, wird die Probe wiederholt. Schwanken die Photometerwerte einer Aufnahme über ein bestimmtes Maß, wird die Probe gleichfalls noch einmal aufgenommen. Etwa 90% aller Proben zeigten eine gute Übereinstimmung der Werte, so daß der errechnete Mittelwert der Linienschwärzung zweier Proben als Grundlage für die kartenmäßige Darstellung dienen kann. Die Darstellung der Analysenergebnisse erfolgt über die am Zeiss-Schnellphotometer direkt gemessenen Logarithmen der Schwärzungswerte jedes Elements. Dadurch ist es leicht möglich, jedem Schwärzungsintervall über eine Eichkurve den absoluten Gehalt zuzuordnen.

Von der Fraktion $< 100\,\mu$ einer Bodenmischprobe wurde eine chemische Analyse der Hauptkomponenten durchgeführt, um einen Anhalt für die Zusammenstellung der Eichmischung zu haben.

Tabelle 11. Chemische Zusammensetzung der feinen Fraktion $< 100\,\mu$ von braunem Waldboden (Thüringer Wald), in Gew.%

SiO_2	62,3
Al_2O_3	14,8
Fe_2O_3	2,3
FeO	2,1
MnO	0,6
MgO	3,9
CaO	2,5
Na_2O	0,2
K_2O	3,2
Summe	91,9

Rest Wasser, P_2O_5, CO_2, andere Anionen

3.25 Zeitbedarf und Kosten

Die vorstehend beschriebene Prospektionsmethode hat den Vorteil, daß alle Arbeitsgänge zeitlich gut aufeinander abgestimmt sind. Der kombinierte Vermessungs- und Probenahmetrupp in Stärke von vier Mann nimmt am Tag 50—60 Proben. Die gleiche Zahl wird von zwei Aufbereitern je Tag getrocknet, gesiebt und umgefüllt. Eine Spektrallaborantin nimmt diese 60 Proben auf drei Spektralplatten gleichfalls an einem Tage auf (einschließlich Kohlestopfen). Voraussetzung ist

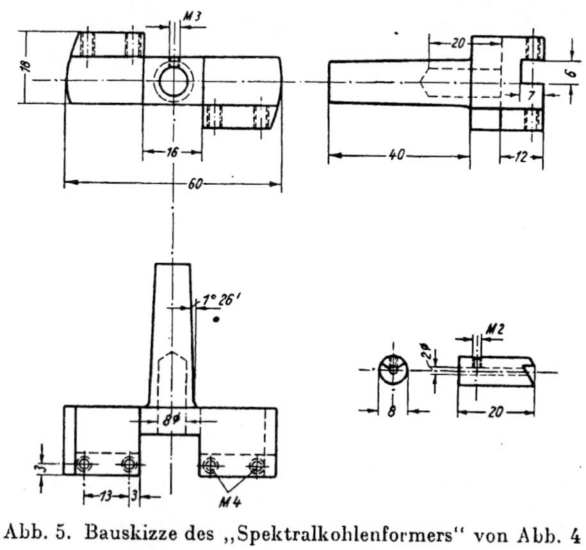

Abb. 5. Bauskizze des „Spektralkohlenformers" von Abb. 4

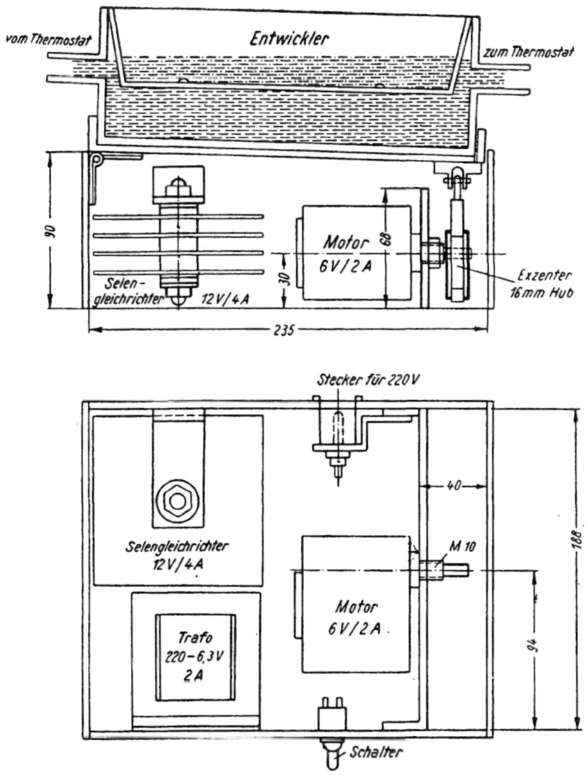

Abb. 6. Grund- und Aufriß eines mechanischen Entwicklungsgerätes für Spektralplatten

dabei allerdings eine weitgehende Mechanisierung der Aufnahmetechnik (alle Vorgänge über Zeitschaltgeräte sowie elektrischen Kassettentransport). Die drei aufgenommenen Spektralplatten können von einem Auswerter an einem Tag auf mindestens zwei, oft drei Elemente photometrisch ausgewertet werden. Damit werden die schnellsten Verfahren auf Dithizonbasis übertroffen. Die Kosten des Verfahrens liegen entgegen einer weit verbreiteten Meinung nicht über, sondern eher unter denen einer geophysikalischen elektrischen Vermessung im gleichen Maßstab.

3.26 Genauigkeit

Trotz aller Vereinfachung des gesamten Verfahrensganges ist auf Grund der geschilderten Vorsichtsmaßnahmen die Genauigkeit für den Zweck der geochemischen Prospektion als gut zu bezeichnen. Alle Wiederholungs- und Kontrollanalysen brachten keine nicht vertretbaren Abweichungen. Die Karte der Linien gleichen Gehalts bzw. der Linien gleicher Schwärzung (bei spektrochemischen Analysen mit Photometerauswertung) läßt alle erwarteten und unbekannten geochemischen Anomalien klar hervortreten. Darüber wird in einer weiteren Arbeit berichtet.

4. Zusammenfassung

Es wird auf gewisse Schwierigkeiten hingewiesen, die einer biogeochemischen Prospektion auf schwache Buntmetallvererzungen entgegenstehen. Trotz grundsätzlicher Möglichkeit der Prospektion mit Pflanzenproben sind im beschriebenen Beispiel die geochemischen Indikationen bei Verwendung von Bodenproben eindeutiger. Für pedogeochemische Prospektionsarbeiten werden mehrere methodische Hinweise gegeben.

Literatur

HAWKES, H. E.: Principles of geochemical prospecting. — Geological Survey, Bulletin 1000-F.

LANGE-FABIAN, B.: Geochemische Prospektionsarbeiten auf Blei-Zink-Gänge im Freiberg-Brander-Revier und bei Mittweida. — Diplomarbeit (unveröffentl.), Mineralogisches Institut der Bergakademie Freiberg, Freiberg 1956.

LEUTWEIN, F. & L. PFEIFFER: Ergebnisse und Anwendungsmöglichkeiten geochemischer Prospektionsmethoden auf hydrosilikatische Nickelerze. — „Geologie", Bd. 3 (1954), S. 950—1008.

LEUTWEIN, F. & H. J. RÖSLER: Geochemische Untersuchungen an paläozoischen und mesozoischen Kohlen Mittel- und Ostdeutschlands. — Freiberger Forschungshefte, Bd. C 19, 1956.

OESTREICH, W.: Hydrogeochemische Untersuchungen an Stollen- und Grubenwässern des Freiberger Erzbezirkes. — Diplomarbeit (unveröffentl.), Mineralogisches Institut der Bergakademie Freiberg, Freiberg 1956.

STARKE, R.: Geochemische Prospektion auf Selen-Mineralien im Ostharz. — Diplomarbeit (unveröffentl.), Mineralogisches Institut der Bergakademie Freiberg, Freiberg 1956.

Erfolgreiche Erdgassuche — Beweis für neue theoretische Anschauungen

WOLF HESSMANN, Gommern

Bis zum Jahre 1957 wurde die Erdgas- und Erdölsuche im Hauptdolomit des thüringischen Zechsteins durch die von F. DEUBEL (1948/1954) aufgestellten Hypothesen und Theorien stark beeinflußt. Die Erdgasvorkommen sollten danach an eine bestimmte oolithisch-schaumig-poröse Fazies des Hauptdolomits gebunden sein (sog. „Forstberg-Fazies" nach der Lagerstätte bei Mühlhausen). Eine demgegenüber dichte Fazies (sog. „Volkenrodaer Fazies", benannt nach dem Kaliwerk Volkenroda) sollte nur nach vorwiegend künstlicher Auflockerung und Spaltenbildung durch Abbauwirkung in unversetzten Grubenbauen der Kalischächte Gas und Öl ergeben.

In den letzten Jahren wurden von wissenschaftlichen Mitarbeitern des VEB Erdöl und Erdgas, und zwar vor allem des Stützpunktes Gotha, umfangreiche Untersuchungen über den Hauptdolomit durchgeführt. Sie umfaßten makro- und mikroskopische, physikalische (Porositäts- und Permeabilitätsbestimmungen) sowie chemische Untersuchungen.

Durch die jahrelange wissenschaftliche Tätigkeit im Stützpunkt Gotha kam man zu folgender Einschätzung der Gas- und Ölvorkommen der Thüringer Lagerstätten: Nicht die in sehr willkürlich abgetrennten „Faziesbereichen" auftretenden schaumig-porösen Dolomite sind für die Lagerstättenbildung, d. h. für die Akkumulation von Kohlenwasserstoffen ausschlaggebend. Genausowenig spricht eine dichte Fazies gegen Gas- oder Ölvorkommen. Nach den neu gewonnenen Ansichten ist Art und Stärke der tektonischen Zerrüttung, Spaltenbildung und Auflockerung für die Speicherung entscheidend. Es liegen also typische Kluftlagerstätten vor. Die schaumig-porösen Ausbildungen des Hauptdolomites können bei entsprechender Permeabilität nur eine zusätzliche Speicherung bewirken. Jedoch sind auch ohne diese Gesteinsausbildungen Lagerstätten in tektonisch aufgelockertem Bereich zu erwarten.

Auf Grund dieser theoretischen Vorstellungen wurden im Bereich des Schlotheimer Grabens die Bohrungen Kirchheilingen 2, 4, 5 und 6 ausgearbeitet und projektiert. Bereits mit der Bohrung Kirchheilingen 2 wurde ein nichtporöses, aber durch die Nähe der Schlotheimer Grabenstörung stark zerklüftetes Dolomitprofil angetroffen.

Auf der I. Ökonomischen Konferenz der Staatlichen Geologischen Kommission konnte im Oktober 1958 in Leipzig über sehr starke Ölspuren und Gasfündigkeit dieser Sonde berichtet werden. In der Zwischenzeit wurde Erdgas auch auf den anderen 3 Sonden angetroffen.

Wie richtig angenommen war, zeigte hierbei die direkt im Graben angesetzte Bohrung Kirchheilingen 5 die besten Ergebnisse. Der hier erfolgte sehr starke Gasausbruch ist bei den Erdgas- und Erdölvorkommen aus dem Zechstein unserer Republik in diesem Ausmaß bisher nie beobachtet worden.

Damit kann für das Thüringer Becken die Ansicht, daß hier die Gas- und Ölvorkommen hauptsächlich an klüftiges Gebirge gebunden sind, als bewiesen und die Theorie von den unbedingt notwendigen schaumigporösen Faziesbereichen für eine Produktion als widerlegt angesehen werden.

Zur Strukturabhängigkeit verborgener Erzkörper polymetallischer Lagerstätten in Kalken[1)]

F. I. WOLFSON & K. F. KUSNEZOW

Das Problem des Aufsuchens verborgener Erzkörper polymetallischer Lagerstätten in Kalken wurde mehrfach in der ausländischen Literatur behandelt. Speziell LOVERING verallgemeinerte auf der Basis der Untersuchung hydrothermal veränderter Nebengesteine die Erfahrungen bei der Erkundung verborgener Erzkörper im Grubengebiet von Tintic. In der letzten Zeit hält es SHNELLMAN für rationell, in England Sucharbeiten auf verborgene Erzkörper in Gebieten mit Kalksteinen, die in Antiklinalfalten gelegt sind, durchzuführen; er will Schächte bis zu 1 km Teufe und mehr niederbringen und dann ein Erkundungssystem mit horizontalen bergmännischen Aufschlüssen ansetzen. Die Vorstellungen SHNELLMANs beruhen auf der allgemein bekannten Gesetzmäßigkeit, daß die polymetallische Vererzung an Antiklinalstrukturen gebunden ist. Derartige Empfehlungen sind offensichtlich nur in Ländern möglich, in denen ein starkes Defizit an Bleierzen besteht.

In der UdSSR war bis in die jüngste Zeit die Frage des Aufsuchens der verborgenen polymetallischen Vererzung noch nicht so akut, da die Möglichkeit bestand, durch Erkundungsarbeiten eine große Anzahl von Erzobjekten zu erfassen, die an der Oberfläche ausbeißen. In Zusammenhang damit wurde diese Frage in der sowjetischen Literatur nicht ausführlich behandelt. Zugleich beginnt jedoch das Aufsuchen der verborgenen Vererzung sowohl in den gegenwärtig exploitierten Grubenfeldern als auch beim Aufsuchen neuer Lagerstätten immer größere Bedeutung zu gewinnen. Das bezieht sich besonders auf Gebiete, in denen polymetallische Lagerstätten der Skarnformation auftreten (Karamasar, Fernöstliches Küstengebiet), ferner auch auf Gebiete, in denen Mittel- und Niedertemperaturlagerstätten von Pb—Zn in Kalken auftreten (Lagerstätten von Osttransbaikalien und des Karatau).

Die Verfasser führten Untersuchungen im Erzfeld von Kansaj (Rayon Karamasar) und im Erzfeld von Nertschinsk-Sawodsk (Osttransbaikalien) durch. Es gelang, in beiden Erzfeldern eine Reihe Strukturelemente festzustellen, welche die Lokalisation der verborgenen Erzkörper kontrollieren. In der vorgelegten Zusammenfassung wurden auch die neuen, von W. A. SATOLOKINA bei der Erkundung der tiefen Horizonte von Lagerstätten des Erzfeldes Atschissaj ermittelten Daten verarbeitet.

In der Lagerstättengruppe von Kansaj besitzen die schlotförmigen Erzkörper die größte industrielle Bedeutung; sie liegen in Kalken der Stufe $D_3—C_1$ und treten in Bereichen auf, wo Scherstörungen mit nordöstlichem und nordwestlichem Streichen, die von Pyroxen-Granat und Karbonattrümern begleitet werden, zusammentreffen. Die seitlichen Apophysen, ebenso die schlotartigen Formen, treten auf den Fiederspalten auf und schließen sich an die Hauptstörungen in verschiedener Tiefe an. Es sind mehrere Schlote bekannt, die an die Tagesoberfläche ausgehen; mit ihnen wurden auch die verborgenen Erzkörper aufgefunden. Die letzteren wurden bis jetzt zufällig in Kalken unter Phlogopitskarnen aufgefunden, in welche die erzführenden Fugen vordringen, aber eine Vererzung entwickelt sich nicht längs dieser Fugen.

Einer der verborgenen Erzkörper, „Slepoj", wurde in einer Teufe von 200 m entdeckt und 100 m nach oben bis zu den Phlogopitskarnen verfolgt. Der zweite — „Tschotka 2" — wurde in einer Teufe von 350 m angefahren, dann nach oben bis 270 m verfolgt, wo er praktisch auskeilte. Die erkundete Teufe der Haupterzkörper der eigentlichen Lagerstätte Kansaj ist heute über 450 m hinausgegangen.

Die Lagerstätten von Kansaj sind morphologisch den schlotförmigen Lagerstätten des Erzfeldes von Nertschinsk-Sawodsk ähnlich. Sie liegen in unterpaläozoischen Kalken und sind an Stellen gebunden, wo sich flacheinfallende nordwestliche und steileinfallende nordöstliche Scherstörungen kreuzen, ferner an Bereiche, wo die flacheinfallenden nordwestlich streichenden Scherspalten mit Nord-Süd streichenden Bruchspalten zusammentreffen. An der Tagesoberfläche sind nur die schlotförmigen Körper aufgeschlossen, die an die Kreuzungsstellen der Scherstörungen gebunden sind; die übrigen sind verborgen. Die nordwestlichen Abscherungen begrenzen die Ausbreitung der Vererzung in Richtung Oberfläche, sie wirken als semipermeable Hindernisse für die Erzlösungen. Die Bruchspalten dienen den erzführenden Lösungen als Aufstiegswege und zerschlagen sich dabei nach oben und keilen aus.

An den erzführenden Scherspalten tritt Verquarzung auf, die bereits im Paläozoikum abgeschlossen wurde. Das hohe Alter der Verquarzung wird durch die Tatsache bestätigt, daß Bruchstücke von Mikroquarziten in jurassischen Konglomeraten gefunden wurden.

1) Aus dem Buch: „Materialien zur Allunionsberatung usw.".

Verborgene Erzkörper innerhalb des betrachteten Erzfeldes von Nertschinsk-Sawodsk sind auch gewisse schichtförmige und linsenförmige Lager, entstanden durch Verdrängung von Zwischenlagen tektonisch zu Linsen umgeformter Kalke in einer Folge paläozoischer Schiefer, die von einer mächtigen Zone tektonischer Brekzien zerschnitten werden. An der Tagesoberfläche tritt eine arme polymetallische Vererzung nur in dieser tektonischen Zone auf. Es wurden auch Ausbisse unbedeutender erzführender Linsen registriert, die mit wachsender Tiefe im Streichen in der Mächtigkeit schnell zunahmen, verbunden mit einer entsprechenden Größenzunahme der Zwischenlagen der in Linsen umgeformten Kalke, auf deren Kosten sich die Vererzung entwickelte.

Nach den Angaben von W. A. SATOLOKINA haben sich zahlreiche, dem Wesen nach sulfidische polymetallische Erzlager von den tiefen Horizonten der polymetallischen Lagerstätte Atschissaj als verborgen erwiesen; sie liegen im Horizont der Funkendolomite. Diese Körper sind an eine Serie durchörternder Spalten gebunden, die etwas in den darüberliegenden Turlaner Horizont und den darunterliegenden Basalhorizont der schiefrigen Kalke vordringen.

Die Analyse der behandelten Daten gestattet es, einige allgemeine Erwägungen über die strukturellen und lithologischen Kriterien auszusprechen, welche die Lokalisation einer verborgenen polymetallischen Vererzung in morphologisch komplizierten Gebieten beeinflussen.

a) Eine verborgene Vererzung tritt auf, wenn abwärts im Profil für die Verdrängung durch Erzmineralien ungünstige silikatische Gesteine (Phlogopitskarne, Porphyre, Schiefer u. a.) durch karbonatische Gesteine abgelöst werden.

b) Verborgene Erzkörper können sich in einer Quetschungszone befinden, die sich an silikatischen Gesteinen verfolgen läßt und Zwischenlagen von in Linsen umgewandelten karbonatischen Gesteinen enthält.

c) Verborgene schlotförmige Erzkörper werden an Stellen lokalisiert, wo Scher- und teilweise Bruchspalten sich kreuzen oder zusammenlaufen; diese Spalten sind gewöhnlich erheblich früher als die Vererzung angelegt, und ihre Ausbreitung nach der Oberfläche hin wird nicht selten durch flacheinfallende Scherzonen oder durch Gesteine begrenzt, die sich durch hohe plastische Eigenschaften und geringe Zerbrechung auszeichnen.

Das Auffinden verborgener Erzkörper in mineralisierten Feldern ist daher in Bereichen möglich, wo lithologische und strukturelle Faktoren in günstiger Kombination vorliegen.

Die Bemusterung oberdevonischer Roteisenerze des Schleizer Gebietes und ihre Auswertung

GERHARD SCHLEGEL & HEINZ WIEFEL, Jena

In den letzten Jahren wurden im Bereich der oberdevonischen Roteisenerzlagerstätten des Schleizer Troges ausgedehnte Erkundungsarbeiten durchgeführt, die Anlaß zu eingehenden geologisch-stratigraphischen und mineralogisch-lagerstättenkundlichen Arbeiten gegeben haben (GRÄBE 1952, 1956; SCHLEGEL 1956; DECKER 1955; STEINIKE 1957). Im Rahmen dieser Arbeiten wurden drei Untersuchungsschächte mit mehreren Sohlen aufgefahren und eine große Anzahl von Bohrungen niedergebracht, die die Grundlage zur Lagerstättenberechnung bildeten. Übertageaufschlüsse kamen für die Bemusterung kaum in Frage, da in früheren Bergbauperioden die zutage tretenden Lagerstättenteile bereits weitgehend abgebaut worden sind und an anderen Stellen, besonders im Bereich von Hochflächen, der Erzausstrich durch mächtige lehmige Verwitterungs- und Solifluktionsschuttdecken verhüllt wird.

Die Erztypen und ihre Verbreitung

Besondere Schwierigkeiten bereitete der Erkundung die regionale Verbreitung des Erzlagers. Es hält sich zwar im allgemeinen recht konstant an die obere Grenze bzw. den höchsten Teil der Eruptivserie des tieferen Oberdevons, vertreten durch Diabasmandelsteine mit den dazugehörigen sehr verschiedenartigen Tuffen, jedoch ist das Lager auf eine Anzahl mehr oder weniger großer Erzlinsen beschränkt, deren Lage in enger Beziehung mit dem bei der Sedimentation des Erzes vorhanden gewesenen Relief steht, worauf bereits GRÄBE (1956) hinweisen konnte. Die starke Gliederung des Sedimentationsraumes dürfte in erster Linie die sehr raschen Schwankungen der Mächtigkeit, Ausbildung und des Chemismus des Erzlagers bedingen. Auf den durch den intensiven Diabasvulkanismus geschaffenen, z. T. subaerischen Hochgebieten fehlt das Erzlager und teilweise auch noch die im Hangenden folgenden Kalke des höheren Oberdevons. An ihren Flanken setzt das Erzlager mit nach der Tiefe hin zunehmender Mächtigkeit ein. In lokalen, flacheren Becken zwischen einzelnen höher aufragenden Zonen erreicht es Maximalmächtigkeiten und nach den nordwestlich des Schleizer Troges gelegenen tieferen Beckenteilen der Ziegenrücker Mulde hin keilt es aus oder geht in Kalkknotenschiefer über.

In enger Beziehung zu dem vorhanden gewesenen Relief steht auch die fazielle Ausbildung des Erzlagers. Alle bisherigen Bearbeiter unterschieden, mit unwesentlichen Abweichungen, drei verschiedene Erzfazies: die kalkig-hämatitische, die kieselig-(magnetitisch-)hämatitische und die chloritisch-magnetitische Lagerfazies, die durch Übergänge miteinander verbunden sind und von STEINIKE (1957) nach der speziellen mineralogischen Ausbildung in weitere Typen gegliedert wurden. Die einzelnen Erzfazies zeigen eine typische zonare Verbreitung. Im Pörmitzer Gebiet ergibt sich im allgemeinen eine ellipsenformig-konzentrische Anordnung der verschiedenen Erzfazies, indem in den Randzonen der Erzlinsen die kalkig-hämatitische Fazies (sog. Scheckenerz) auftritt, nach innen sich die kieselig-(magnetitisch-)hämatitische Fazies anschließt und im Zentrum ein kleines Gebiet in chloritisch-magnetitischer Fazies vorliegt. Im Görkwitzer Gebiet ist ein streifenförmiger Verlauf der verschiedenen Erzfazies zu beobachten. Die kalkig-hämatitische Fazies beschränkt sich auf eine wechselnd breite Randzone des Beckens. In kleinen randnahe gelegenen Senken tritt in unbedeutenden Linsen die magnetitisch-chloritische Fazies auf. Randferner ist die kieselig-(magnetitisch-)häma-

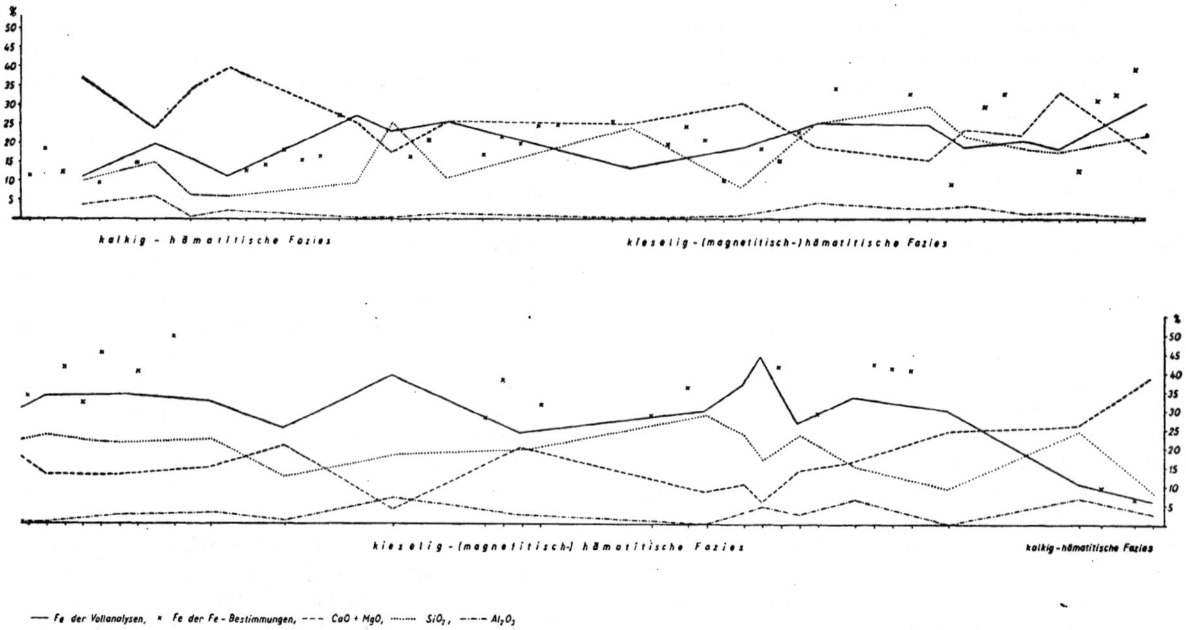

Abb. 1. Graphische Darstellung einer Reihe Vollanalysen und Fe-Bestimmungen eines Profils durch die Pörmitzer Eisenerzlagerstätte. Das Profil liegt verhältnismäßig randnah, deshalb ist die chloritisch-magnetitische Fazies nicht mit erfaßt und die kieselig-(magnetitisch-)hämatitische Fazies zeigt große Schwankungen im Chemismus. Länge des Profils etwa 600 m.

titische Fazies verbreitet, die nach dem Beckentiefsten, zur Ziegenrücker Mulde hin, vertaubt und in Kalkknotenschiefer übergeht.

Die Faziesdifferenzierung spiegelt sich im Chemismus des Erzlagers wider. Das Erzlager in der kalkig-hämatitischen Fazies besteht überwiegend aus einer Wechsellagerung von zentimeter- bis dezimetermächtigen Scheckenerz- und mehr oder weniger tuffitischen Kalkbänken bzw. -bändern. Somit ergibt sich ein sehr hoher CaO-Gehalt von durchschnittlich 30—40%. Lokal kann der Kalk weitgehend durch Dolomit vertreten sein, wodurch sich ein MgO-Gehalt bis zu 15% einstellt. Die Fe- und SiO_2-Gehalte sind relativ niedrig, der Fe-Gehalt schwankt zumeist zwischen 12 und 18%, der SiO_2-Gehalt liegt je nach dem Anteil des tuffogenen Materials zwischen 3 und 12%. Das kieselig-(magnetitisch-)hämatitische Erz zeigt einen wesentlich einheitlicheren, geschlosseneren Aufbau als das Scheckenerz. Es ist als derber Roteisenstein ausgebildet, der in wechselnder Häufigkeit und Größe Eisenkieselnester und tuffitische Einlagerungen enthält. Nach der Häufigkeit der Tuffit- und Eisenkieseleinschaltungen schwankt der Chemismus dieses Erzes. Der CaO-Gehalt ist bedeutend niedriger als beim Scheckenerz. Er liegt im allgemeinen unter 15% und erreicht nur im Görkwitzer Gebiet 20%. Dagegen ist der SiO_2-Gehalt erheblich angestiegen und beträgt je nach Eisenkieselanteil 20—40%. Die Fe-Gehalte liegen ebenfalls höher; im Pörmitzer Gebiet betragen sie 25—45%, im Görkwitzer Gebiet liegen sie durchschnittlich etwas niedriger. Die chloritisch-magnetitische Lagerfazies unterscheidet sich im Chemismus kaum von der kieselig-(magnetitisch-)hämatitischen Fazies.

Im Görkwitzer Gebiet treten in einer Folge von grobbrekziösen Diabastuffen mit Diabasmandelsteinbomben, Lapilli und feinkörnigen, teilweise gebänderten Diabastuffen, in denen sich geringmächtige Effusivdecken von Diabasmandelstein einschalten, mehrere Erzlager auf (Abb. 3).

Die Bemusterung

Die Streckenführung in den Untersuchungsschächten war von vornherein auf die Bemusterung der Lagerstätte ausgerichtet. Die im Streichen aufgefahrenen Untersuchungsstrecken wurden nach Möglichkeit im Erzlager vorgetrieben, wodurch sich in tektonisch stärker gestörten Gebieten ein kurvenreicher Streckenverlauf ergab. Nur in ausgedehnteren Störungszonen und bei schwierigen hydrologischen Verhältnissen wurde auf eine Auffahrung im Erzlager verzichtet. Wenn es bei größeren Erzmächtigkeiten und bei ungünstigen tektonischen Bedingungen nicht möglich war, das gesamte Lager von der Liegend- bis zur Hangendgrenze in den streichenden Strecken zu erfassen, wurden in Abständen von 15—20 m Tastquerschläge aufgefahren. Dort, wo mehrere Erzlager ausgebildet waren, dienten diese zur Aufschließung der gesamten Erzlagerzone, da die streichenden Strecken stets nur ein Lager erfassen konnten. Um das Erzlager zwischen den einzelnen Sohlen bzw. zwischen der obersten Sohle und über Tage zu erkunden, wurden Überhaue aufgefahren. Nach Möglichkeit wurden stets mehrere Überhaue auf einem Querprofil angesetzt, das z. T. noch durch Bohrungen erweitert wurde. Die einzelnen Querprofile und Sohlen dienten dann zur Ausblockung der Vorräte.

Im Laufe der Erkundungsarbeiten wurden zahlreiche Bohrungen niedergebracht, die unter verschiedenen Gesichtspunkten angesetzt wurden. Die ersten Bohrungen hatten die Aufgabe, die Verbreitung, Mächtigkeit und Ausbildung des Erzlagers in großen Zügen zu erkunden. Später wurden die Bohrungen planmäßig auf Querprofilen angesetzt und mit den inzwischen geschaffenen Grubenaufschlüssen koordiniert. Zur Erkundung tieferer Muldenteile, die durch Auffahrungen nicht erreicht werden konnten, wurden im Pörmitzer Grubengebiet unter den gleichen Gesichtspunkten Untertagebohrungen durchgeführt.

In den Grubenbauen erfolgte die Bemusterung der Lagerstätte ausschließlich durch Schlitzproben. In den streichenden Strecken wurden sie an der Firste genommen, in den Querschlägen teilweise auch am Stoß. Bei der Stoßbemusterung konnten die Schlitze auch bei flacher Lagerung senkrecht zum Streichen und Fallen angelegt werden, während dies bei der Firstenbemusterung nur bei Saigerstellung des Erzlagers möglich war. Die Breite der Probenschlitze betrug 10 cm, ihre Tiefe 5 cm. Je nach der Länge der Schlitze war das Gewicht der einzelnen Proben verschieden und konnte bis über 50 kg betragen. Vor der Probenahme wurde die Entnahmestelle weitgehend geglättet, noch bestehende Unebenheiten im Verlauf des Schlitzes wurden berücksichtigt, um einen annähernd genauen Wert des Durchschnittsgehaltes des Erzlagers zu erhalten. Besonders war darauf zu achten, daß in den weicheren kalkigen oder tuffigen Zwischenmitteln kein tieferer Ausbruch des Gesteins erfolgte. Um einen maßgerechten, einwandfreien Schlitz zu erhalten, wurde mit Hammer und Meißel gearbeitet. Nur in Ausnahmefällen konnte hierfür auch der Pickhammer benutzt werden (vgl. hierzu auch OELSNER 1952). Die Schlitzproben wurden zunächst in Abständen von 5 m genommen. Von den Proben, die das gesamte Lager erfaßten, wurden Vollanalysen angefertigt, von den übrigen lediglich Fe-Bestimmungen, so daß jede dritte oder vierte Probe eine Vollanalyse war. Als sich herausstellte, daß die Fe-Bestimmungen für die Vorratsberechnung unbrauchbar sind, wie weiter unten noch erläutert werden soll, wurden die Probenschlitze für Fe-Bestimmungen weggelassen. Dort, wo im Erzlager mächtigere Zwischenmittel auftraten, wurden Eisenerz und Zwischenmittel getrennt geschlitzt und als a- und b-Probe gesondert analysiert.

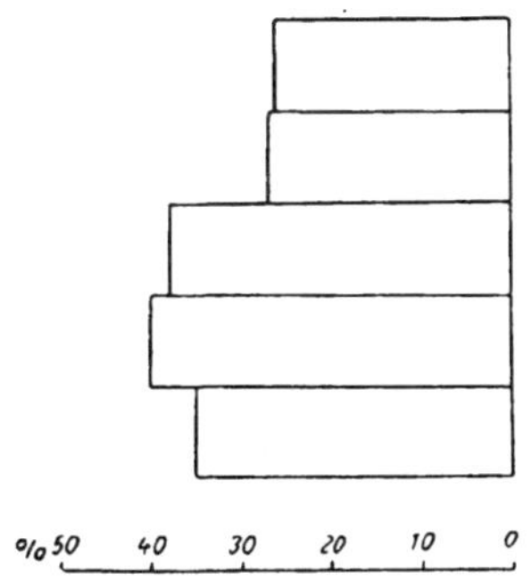

Abb. 2. Die vertikale Verteilung der Fe-Gehalte eines Schlitzprofils. Die einzelnen Erzbänke wurden getrennt geschlitzt und analysiert.

Die Bemusterung der Bohrkerne erfolgte durch Pickproben. Je nach Länge des vom Erzlager gewonnenen Kerns wurde im Abstande von 5 bis 20 cm nach Möglichkeit eine dünne Scheibe des halbierten Bohrkernes entnommen. Das Gewicht der Proben betrug 0,5 bis 1 kg. Die Genauigkeit dieser Probenahme läßt gegenüber der Schlitzprofilmethode der Grubenbemusterung sehr zu wünschen übrig. Nur in seltenen Fällen wurde vom Erzlager ein wirklich hundertprozentiger Kerngewinn erzielt. Zumeist wurden die weicheren Partien des Lagers, besonders die kalkigen und tuffitischen Zwischenmittel, beim Bohrprozeß mehr oder weniger zerrieben, so daß von vornherein bei dieser Art der Probenahme die einzelnen Lagerteile nicht oder nur annähernd im richtigen Verhältnis erfaßt werden konnten.

Auswertung der Bemusterung

Die Proben der Vollanalysen wurden auf folgende Bestandteile analysiert:

Fe Mn P SiO_2 Al_2O_3 CaO MgO S GV

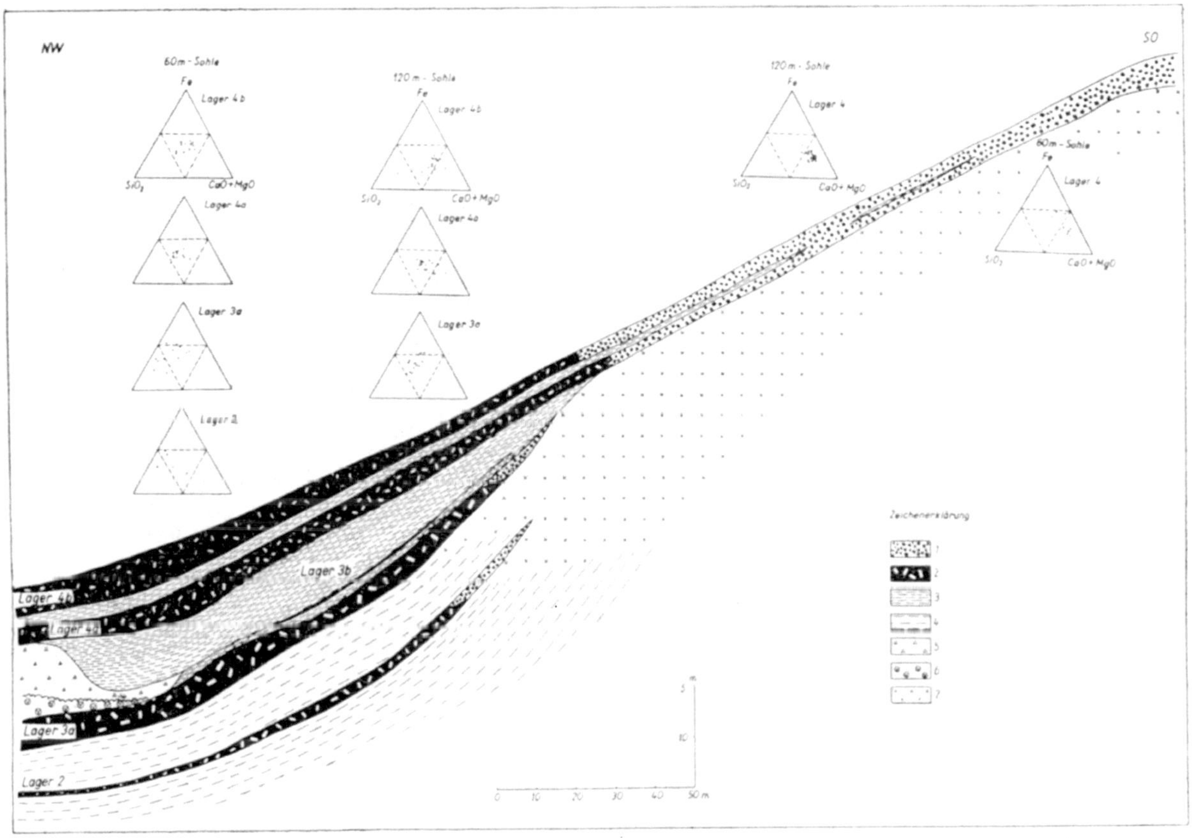

Abb. 3. Zurückgefaltetes Querprofil durch die Görkwitzer Eisenerzlagerstätte mit chemischer Charakteristik der verschiedenen Eisenerzlager

1 – kalkig-hämatitische Lagerfazies, 2 – kieselig-(magnetitisch)-hämatitische Lagerfazies, 3 – feingebänderter Diabastuff, 4 – feinkörniger, wenig geschichteter Diabastuff, 5 – grobbrekziöser Diabastuff und Diabasmandelstein, 6 – Diabasmandelstein, 7 – grobbrekziöser Diabastuff

Die Analysen, darunter auch eine Anzahl Kontrollanalysen, wurden von verschiedenen Laboratorien durchgeführt. Beim Vergleich der Kontrollanalysen mit den Erstlingsanalysen zeigte sich bei den Hauptkomponenten Fe, SiO_2, CaO und GV eine gute Übereinstimmung, so daß in der Bewertung des Erzlagers keine grundsätzlichen Änderungen eintraten. Bei einigen anderen Komponenten jedoch traten systematische Fehler auf, die höchstwahrscheinlich auf unterschiedliche Analysengänge in den einzelnen Labors zurückzuführen sind. Besonders augenfällig waren die Abweichungen bei den Komponenten Mn, Al_2O_3 und MgO. Beim Mn lagen die Werte sämtlicher Kontrollanalysen stets unter denen der Erstlingsanalysen, umgekehrt war es bei Al_2O_3 und MgO, wobei bei Al_2O_3 die größten Differenzen auftraten.

Beim Vergleich der Fe-Analysen mit den Vollanalysen ergab sich, daß die Fe-Analysen eine viel stärkere Streuung zeigten als die Vollanalysen (Abb.1). Diese Erscheinung ist darauf zurückzuführen, daß die Fe-Analysen ja immer nur kürzere und außerdem niveauverschiedene Abschnitte des inhomogen aufgebauten Lagers erfassen. In vielen Fällen zeigten die Fe-Analysen aus den tieferen Lagerteilen höhere Fe-Gehalte als die benachbarten Vollanalysen und die aus den höheren Teilen entsprechend geringere Werte. In einigen Fällen wurden von den einzelnen Bänken des Erzlagers Einzelanalysen durchgeführt. Hierbei zeigte sich ein maximaler Eisengehalt im unteren Teil des Lagers mit Ausnahme der untersten Partie, in der der Eisengehalt geringer war (Abb. 2). In der oberen Hälfte des Lagers nahm der Eisengehalt kontinuierlich ab. Daraus ergibt sich, daß sinnvolle Werte des Durchschnittsgehaltes des Erzlagers nur dann erhalten werden können, wenn die gesamte Mächtigkeit des Erzlagers durch sorgfältig ausgeführte Schlitzproben erfaßt wird. Quantitativ-mineralogische Untersuchungen, wie sie KNAUER (1959) an den Harzer Roteisensteinlagerstätten durchgeführt hat, kommen wegen ihrer punktförmigen Untersuchungsweise für eine genaue Bemusterung der Schleizer Lagerstätte nicht in Betracht.

Im Görkwitzer Gebiet zeigten die Vollanalysen der tieferen Erzlager starke Streuungen der Fe-, SiO_2- und CaO-Gehalte, die beiden oberen Lager dagegen recht ausgeglichene Werte. Die Fe- und SiO_2-Gehalte liegen im Durchschnitt in den tieferen Lagern höher als in den oberen, wo der Kalkanteil entsprechend größer ist. Um die Beziehungen zwischen Chemismus und Bildungsraum bzw. Fazies der einzelnen Lager darzustellen, wurden die Gewichtsprozente der Hauptkomponenten Fe, SiO_2 und CaO + MgO bei allen Analysen auf 100 umgerechnet. Die Analysen, repräsentiert durch ihre drei Hauptkomponenten, konnten nun in Konzentrationsdreiecke eingetragen werden, wobei die einzelnen Lager und die Analysenreihen von den verschiedenen Sohlen getrennt dargestellt wurden (Abb. 3). Man bekommt auf diese Weise einen guten Überblick über eine Vielzahl von Analysen. Die Analysen der Lager 2 und 3a zeigen einen breiten Streubereich, der allerdings zum Beckenrande hin wesentlich geringer wird. Gleichzeitig nimmt der hohe SiO_2-Gehalt zugunsten des Fe-Gehaltes zum Beckenrande etwas ab. Am unmittelbaren Beckenrand liegen beide Lager in geringmächtiger kalkig-hämatitischer Fazies vor; hiervon wurden keine Analysen angefertigt. Die beiden höheren Lager 4a und 4b besitzen größere Durchschnittsmächtigkeiten als die tieferen, allerdings ist hier die Verunreinigung durch tuffitische bzw. kalkige Zwischenmittel größer als in den Lagern 2 und 3a. Die Ausbildung der Lager ist bedeutend gleichmäßiger, und die Analysen zeigen demgemäß einen viel kleineren Streubereich als in den tieferen Lagern. Zum Beckenrande hin findet eine Abnahme des SiO_2-Gehaltes und schließlich ein Übergang von der kieselig-(magnetitisch-) hämatitischen Lagerfazies in die kalkig-hämatitische statt, wobei zugunsten des Kalkanteils die SiO_2- und Fe-Gehalte weiterhin zurückgehen.

Ergebnis

Die sowohl horizontal als auch vertikal stark wechselnde Ausbildung der Roteisenerze vom Typus Lahn-Dill, die von sämtlichen Bearbeitern dieses Lagerstättentypes hervorgehoben wird, erfordert zur Bemusterung ein möglichst engmaschiges Netz von in den Vertikalprofilen vollständigen Schlitzproben. Punktförmige und unvollständige Bemusterung der Lagerstätte scheiden als Berechnungsgrundlage exakter Vorratsberechnungen aus.

Literatur

DECKER, H.: Mineralogisch-lagerstättengenetische Untersuchung an der Erzlagerstätte Pörmitz bei Schleiz/Thür. — Unveröffentl. Diplomarbeit, Freiberg 1955; Autorref.: Geologie 5, S. 534–535, Berlin 1956.

GRÄBE, R.: Ausbildung und Entstehung der oberdevonischen Roteisenerze und ihrer Nebengesteine im Schleizer Trog. — Ber. Geol. Ges. DDR 1, S. 155–197, Berlin 1956.

GRASSMANN, H.: Die chemische Analyse im Dienste der Lagerstättenerkundung der Staatl. Geol. Kommission. — Z. Angew. Geol. 5, S. 108 bis 110, Berlin 1959.

KNAUER, E.: Zur quantitativ-mineralogisch-petrographischen Untersuchung der Roteisenerze vom Büchenberg bei Elbingerode. — Z. Angew. Geol. 5, S. 100–102, Berlin 1959.

OELSNER, O.: Grundlagen zur Untersuchung und Bewertung von Erzlagerstätten. — Thür.-Verlag, Gera 1952.

PROKOFJEW, A. P.: Vorratsberechnung mineralischer Rohstoffe. — VEB Verlag Technik, Berlin 1957.

SCHLEGEL, G.: Ergebnisse einer Grubenkartierung im Oberdevon und Unterkarbon des Schleizer Troges bei Pörmitz in Ostthüringen. — Unveröffentl. Diplomarbeit, Jena 1956.

STAMMBERGER, F.: Einführung in die Berechnung von Lagerstättenvorräten fester mineralischer Rohstoffe. — Akademie-Verlag, Berlin 1956.

STEINIKE, K.: Mineralogische Untersuchungen an der Roteisenerzlagerstätte bei Schleiz in Thüringen. — Z. Angew. Geol. 4, S. 376–377, Berlin 1958.

Kyanit-Lagerstätten in Kamerun

ERICH LANGE, Berlin

In ihrer Juli-Nr. des Jg. 1959 teilt „La Chronique des mines d'outre-mer et de la recherche minière“ auf S. 220 mit, daß am Nyiba-Fluß östlich von Edea eine Kyanit-(Disthen-)Lagerstätte aufgefunden wurde. Der Kyanit lagert in den Flußalluvionen auf sekundärer Lagerstätte. Ende 1958 wurde von dem Staatlichen Bergbaubüro eine kleine Versuchsaufbereitung errichtet, um die Eignung des rohen Gesteines für das Auswaschen und die Menge und Qualität des gewinnbaren Rohstoffes festzustellen.

Solche Kyanit-Seifen treten auch sonst in Kamerun auf. Östlich der jetzigen Produktionsstelle stieß ich 1913 in der Umgebung von Yaunde auf 3—5 derartige Kyanit-Seifen. Es handelt sich um alluviale Ablagerungen, die aus einem stark tonigen Lehm bzw. lehmigen Ton von grauer Farbe bestehen. Ich hatte den Eindruck, daß die Alluvionen in kesselartigen Vertiefungen lagerten, die bis zu 1 km Durchmesser erreichten. Aufmerksam war ich auf diese Lagerstätten dadurch geworden, daß man aus einem kleinen, dem Ort Yaunde benachbarten Vorkommen den Rohton auf eine Baustelle befördert hatte und dort von gröberen Gesteinsbrocken — beim Trocknen wurde der Ton klumpig und die einzelnen Klumpen steinhart — durch Sieben reinigte. Der feinkörnige Rest wurde als Baumaterial verwertet.

Den Gehalt an Kyanit, der sich an der Oberfläche der Vorkommen mechanisch durch Erosion des Tones angereichert hatte, schätzte ich in dem unverwitterten Rohgestein in etwa 1 m Tiefe auf ca. 5%. Nach starken Regengüssen bieten diese Lagerstätten einen geradezu überwältigenden Anblick.

Soweit keine Vegetation vorhanden ist — daß sie über den Lagerstätten z. T. fehlt, ist mitten im Savannengebiet eine große Seltenheit —, war der Boden dicht übersät mit blaßblauen glänzenden stengeligen Kyanit-Kristallen. Sie werden bis 1 cm lang, sind einige Millimeter breit und völlig sauber aus ihrem Muttergestein herausgewittert. Es ließ sich daher durch einfaches Waschen ein fast völlig reines Kyanit-Konzentrat gewinnen. Proben von etwa 1 kg Konzontrat befanden sich aus zwei dieser Lagerstätten bei der Geologischen Landesanstalt in Berlin, wo sie 1944 durch Bombeneinwirkung vernichtet wurden.

Neben den Kyanit-Kristallen fand sich nur äußerst selten einmal ein stengeliger Kristall von rötlichem Zoisit. Die Farbe der Kyanite ist schwach hellbläulich, mitunter findet sich einmal als Rarität ein dunkelblauer Kristall. Die Kristalle haben ein frisches Aussehen, sind an den Enden abgebrochen und zeigen keinerlei sichtbare Abrollung, so daß sie keinen weiteren Transport erlitten haben können.

Das Muttergestein der Kyanit-Kristalle konnte nicht einwandfrei festgestellt werden. Nur einmal fand ich an einem Kristall fein- bis grobzuckerkörnige, offensichtlich metamorph umkristallisierte Quarze. Dieses Gestein gleicht in seiner Struktur den metamorph umgewandelten Sandsteinen, die zwischen Edea und Yaunde gelegentlich auftreten. Es lassen sich zwei Varietäten unterscheiden: eine feinkörnige, die aus etwa 60% rekristallisierten Quarzkörnern und 40% kleinen rötlichen Almandinen besteht, und eine grobkörnige, die bis zu 70% grobe, dunkelbraune Almandine in einer zuckerförmigen Quarzmatrix enthält. Ich nahm daher an, daß das Muttergestein der dortigen Kyanit-Seifen ein ähnlich mesozonal umgewandelter, ursprünglich wahrscheinlich tonreicher Sandstein gewesen sein könnte.

Soweit genügende Vorräte vorhanden sind, dürfte, da Wasser in diesem Gebiet überall in ausreichender Menge zur Verfügung steht, bei geeigneten Transportmöglichkeiten an der Bauwürdigkeit dieser leicht aufbereitbaren Kyanit-Lagerstätten kaum gezweifelt werden können.

Mikrohydraulik der absoluten Durchlässigkeit in Erdöl- und Erdgasspeichergesteinen

Ein Beitrag zur Gesteinsphysik und deren Anwendung in der praktischen Geologie

(Mitteilung aus dem geologischen und lagerstättenphysikalischen Zentrallaboratorium des VEB Erdöl und Erdgas, Gommern)

ERNST HAMEISTER, Gommern

1. Einleitung

Erdöl und Erdgas werden aus porösen und durchlässigen Gesteinen gewonnen. Um für die Förderung und Wirtschaftlichkeit der Lagerstätte die erforderlichen quantitativen Angaben machen zu können, müssen sowohl die physikalischen Vorgänge und Zustände im Speichergestein, d. h. in der Lagerstätte, als auch die des Lagerstätteninhaltes selbst bekannt sein. Durch sie nämlich werden in erster Linie die Förderbedingungen und die Vorratsbetrachtungen bestimmt.

Wenn zunächst die physikalischen Kenngrößen der Speichergesteine betrachtet werden sollen, dann handelt es sich um die Darstellung der Raumerfüllungsgrößen (Nutzporosität, Permeabilität und Kapillardruckeigenschaften), während die Physik des Lagerstätteninhaltes einem späteren Aufsatz vorbehalten sein soll.

Die Nutzporosität und Permeabilität werden an als geeignet ausgewählten Proben aus dem gewonnenen Bohrkern im Laboratorium bestimmt. Diese Kernanalyse läßt sich jedoch nur bedingt mit den durch die elektrische Bohrlochmessung gefundenen Werten vergleichen. Zusammengefaßt besteht der Unterschied beider Meßverfahren in folgendem: Durch die Kernanalyse im Laboratorium werden einzelne Proben, d. h. gleichsam Differentialwerte der physikalischen Kennwerte gewonnen, während durch die elektrische Messung im Bohrloch ein Summenwert, also ein Integral, gemessen werden kann. Für die Vorratsberechnung wird zwar ein guter zuverlässiger Mittelwert, der dem Summenwert der Bohrlochmessung entspricht, benötigt; für die Festlegung der Fördermethoden ist aber der spezifische Einzelwert des betreffenden Horizontes erforderlich, wie sie die Kernanalyse ergibt. Die Untersuchung der Vorgänge während der Strömung in den Speichergesteinen selbst gehört in das Gebiet der reinen Physik, sie sollen daher auch im vorliegenden Aufsatz nicht näher betrachtet werden. Sie sind in zahlreichen Arbeiten, die sich in vielen Fällen auf die Untersuchungen von MUSKAT (15) und CARMAN (2) stützen, behandelt worden. Trotzdem gibt es noch zahlreiche Einzelprobleme, die ihrer Lösung harren und nur zum Teil erst in Angriff genommen sind, wie die Darstellungen von SCHEIDEGGER (18), IRMAY (7), V. ENGELHARDT (5), SCHUMANN (20), HAMEISTER (6) u. a. zeigen. Im folgenden sollen einige spezielle Fragen mit Rücksicht auf ihren geologischen Anwendungsbereich, besonders für Lockergesteine, erörtert werden. Schließlich sei erwähnt, daß die hierfür erforderlichen theoretischen Grundlagen auch z. B. für moderne physikalisch-chemische gasanalytische Verfahren (Gaschromatographie) gelten, wie von CARMAN (2) angedeutet worden ist und an anderer Stelle näher auseinandergesetzt werden soll.

Porosität, Permeabilität und Kapillardruckeigenschaften hängen, wie leicht ersichtlich, von der Korngrößenverteilung und damit von der inneren Kornoberfläche ab. Mit diesen Zusammenhängen haben sich in allgemeiner Form vorwiegend CARMAN (2) und v. ENGELHARDT (5) beschäftigt, wobei sie auf die Untersuchungen von KOZENY zurückgriffen.

2. Die Gleichung von Kozeny

Die theoretischen Untersuchungen haben nach v. ENGELHARDT gezeigt, daß die Porosität allgemein durch die Packungsdichte der Gesteinselemente bestimmt ist. Haarrisse und feine Klüfte, z. B. in den karbonatischen Gesteinen, dürfen dabei nicht außer acht gelassen werden. Aus solchen Überlegungen geht hervor, daß die Porosität (sowohl die absolute als auch die effektive, d. h. der durch Kapillaren verbundene für Strömungsvorgänge allein zugängliche Hohlraum) eine rein geometrische Größe ist, welche sich in einem Gestein nur statistisch erfassen läßt. Diese statistische Eigenschaft der Porenanordnung wird die „Tortuosität" genannt. Es ist leicht verständlich, daß sich eine solche topologische Verbandsgröße nur schwer erfassen läßt. Daher wird in der angewandten Geologie auch versucht, durch weitere Kenngrößen über die Raumerfüllung Klarheit zu gewinnen.

Eine geometrische Bedeutung besitzt nun die zweite Gesteinsgröße, die Permeabilität, nicht. Sie ist rein physikalisch erklärt und sollte eigentlich als der erste gesteinsphysikalische Grundparameter der Petrographie genannt werden. Kurz zusammengefaßt gibt die Permeabilität oder Durchlässigkeit nur den Widerstand an, den ein Gestein der Fließbewegung einer homogenen beweglichen Phase entgegensetzt. Daß dieser Widerstand irgendwie mit der Struktur des Gesteins verknüpft ist, durch sie in allen Einzelheiten bestimmt wird, schien eine unbedingte Forderung zu sein. So wäre damit die Permeabilität auch geometrisch bestimmt und müßte sich als eine Funktion der Porosität darstellen lassen. Aber gerade die Messungen an verschiedenen verfestigten Sedimentgesteinen zeigten, daß dies keineswegs der Fall ist. Sande und auch einige wenig verfestigte Lockergesteine machen hier bisweilen eine Ausnahme, worauf weiter unten noch eingegangen werden soll.

Obwohl hohe Durchlässigkeiten meist mit großen Porositäten verknüpft sind, bedingt eine gute, hohe Porosität nicht immer eine gleich hohe Durchlässigkeit. Diese Tatsache läßt sich durch ein von MEYER-GÜRR (13) gebrauchtes Bild verständlich machen. Eine hohe Porosität kann sowohl durch viele kleine als auch durch wenige große Hohlräume bestimmt sein, wie z. B. die Geräumigkeit eines Hauses durch zahlreiche kleine Zimmer oder auch wenige große Säle gegeben ist. Nun wird aber die Durchlässigkeit für ein bewegliches Medium in dem Hause mit wenigen Sälen größer sein als in dem mit den zahlreichen Zimmern, die zwar auch durch schmale Korridore untereinander verbunden sind. Dieser Vergleich, ins Geologische übertragen, besagt, daß die Durchlässigkeit wesentlich von dem Radius der Poren und dem der die Poren verbindenden Kapillaren abhängig ist. Aus dieser Überlegung geht die eigentliche tiefere physikalische Natur der Permeabilität hervor. Eine solche Größe bestimmt die Beweglichkeit, d. h. die Geschwindigkeit, mit der sich eine frei bewegliche Phase durch das Porengefüge bewegen kann. Sie wird die „Massenstromgeschwindigkeit" genannt. Somit bestimmen also die Gestalt des Porenraumes und des Kapillarraumes die Permeabilität.

Für die Lockersande ist aus zahlreichen Versuchen der technischen Gesteinskunde [V. MOOS u. DE QUERVAIN (14)] bekannt, daß deren Porenradius um so geringer wird, je kleiner die einzelnen Sandkörner werden. Aus diesem Grunde nahm KOZENY (9) nach Untersuchungen über die kapillare Wasserbewegung in Grundwasserhorizonten einen Zusammenhang zwischen Porosität (ε) und absoluter Permeabilität (K) an. Es zeigten auch tatsächlich viele Einzelversuche, daß die Durchlässigkeit eines Sandes bei konstanter Porosität abnahm, wenn die Korngröße der Sande kleiner wurde. Inwieweit diese Eigenschaften bei diagenetisch verfestigten Gesteinen, vor allem Sandsteinen, durch Bindemittel, Orientierung der Körner, Einfluß der Intergranularmasse (Druckerscheinungen, Ausschmelzungen usw.) verändert werden, muß noch durch weitere Untersuchungen im einzelnen geklärt werden. Die wenigen bisher vorliegenden Betrachtungen zur Anisotropie der Durchlässigkeit, z. B. von SCHMID (19), lassen noch keine Schlüsse auf allgemeine Gesetzmäßigkeiten zu, wie sie KOZENY, CARMAN und v. ENGELHARDT für Lockersande gezogen haben.

KOZENY wies also nach, daß die Durchlässigkeit (K) für Lockersande von zwei spezifisch geometrischen Kenngrößen, der Porosität (ε) und der spezifischen Oberfläche S abhängig ist. Was wird unter der spezifischen Oberfläche verstanden? Es ist leicht einzusehen, daß die Porenfläche in einem Gestein gleich der Oberfläche der in 1 cm^3 Gestein enthaltenen festen Substanz ist. Ihr Volumen muß gleich $(1-\varepsilon)$ sein; damit wird die gesuchte Oberfläche $(1-\varepsilon)\cdot S$, worin S die spezifische Oberfläche der das Gestein (auch Lockersediment) aufbauenden festen Substanz ist. S wird also in cm^2/cm^3 angegeben, d. h., die Dimension ist $[l^{-1}]$. Jedoch läßt sich mit dieser Größe praktisch noch nicht viel anfangen. Für die Untersuchung der Raumerfüllung ist die spezifische innere Oberfläche O wichtig, welche gleich der in einem cm^3, d. h. in der gewählten Raumeinheit, Gestein enthaltenen inneren Oberfläche ist. Sie wird durch die Relation $O = (1-\varepsilon)\cdot S$ bestimmt. Mit diesen Beziehungen fand KOZENY für die Lockergesteine die nach ihm benannte Gleichung für die absolute Durchlässigkeit

$$K = 2{,}0 \cdot 10^7 \frac{\varepsilon^3}{(1-\varepsilon)^2\, S^2} = 2{,}0 \cdot 10^{-7} \frac{\varepsilon^3}{O^2} \qquad (1)$$

worin ε die oben angeführte Porosität, S die innere Oberfläche, O die spezifische Oberfläche bedeuten.

Dieser Zusammenhang wurde von CARMAN (2) und von v. ENGELHARDT & PITTER (5) durch zahlreiche Untersuchungen an Lockersanden und wenig verfestigten Gesteinen geprüft. Neuere Messungen jedoch ergaben eine untere Grenze für die Porosität, bei der das Gestein überhaupt für Flüssigkeiten und Gase permeabel wird. Auch der Tongehalt darf nämlich nicht außer acht gelassen werden; reine Quarzsande, auch von unterschiedlicher Korngröße, sind häufig undurchlässig, wie theoretische Überlegungen zur Packungsdichte und Sortierung leicht ergeben [vgl. CORRENS (3) und NIGGLI (16)]. Erst geringe Beimengungen toniger Bestandteile ermöglichen Kapillarbildungen und damit Durchlässigkeit für bewegliche Phasen. Die Abhängigkeit der Durchlässigkeit von der Nutzporosität läßt sich nach KRUMBEIN (11) und LEVORSEN (12) in eine Faustregel zusammenfassen, welche angibt, daß sich die Durchlässigkeit etwa mit dem Faktor 10 vergrößert, wenn die Porosität um 3% ansteigt. Es sei aber nochmals darauf hingewiesen, daß solche Zusammenhänge, wie sie sich aus der KOZENYschen Gleichung ergeben, nur für Lockersande gelten. Sobald eine Verfestigung eintritt, werden abweichende Verhältnisse gefunden. Daß ferner die Raumerfüllungsgrößen durch die Porengrößenverteilung, die Sedimentation, die Diagenese, die Sortierung und die Packungsdichte mitbestimmt werden, wurde schon erwähnt. Jedoch sind die vorstehend aufgeführten Gesetzmäßigkeiten noch unbekannt. Über entsprechende Versuche soll später nach Abschluß der Arbeiten berichtet werden.

Zeigte auch die Gleichung von KOZENY für Lockergesteine einen klaren funktionalen Zusammenhang, so war doch die Messung der inneren Oberfläche O recht schwierig. Aus diesem Grunde wurden, auch zunächst für die Lockergesteine, weitere funktionale Abhängigkeiten gesucht. So hat PIRSON (17) nach MUSKAT (15) eine weitere Wechselbeziehung eingeführt. Er ging davon aus, daß sich in den Hohlräumen auch die beweglichen Phasen mit ihren charakteristischen physikalischen Größen befinden müssen. Zu diesen gehört wesentlich das Haftwasser, welches durch seine elektrischen Eigenschaften einerseits wie auch durch seine Sättigungsgröße physikalisch beschrieben werden kann. Es ist auch nicht schwer, einzusehen, daß diese Haftwassergröße gleichsam die innere Oberfläche widerspiegelt und so an deren Stelle treten kann. Mit ihr läßt sich der Gleichung von KOZENY die Form geben:

$$K = \frac{1}{F}\left(\frac{\varepsilon}{1-\varepsilon}\right)^2 \cdot \frac{1}{S_{wi}^2} \qquad (2)$$

worin S_{wi} die für die Förderung, aber auch für die petrographische Charakterisierung der Speichergesteine wichtige Haftwassergröße und F ein empirischer Faktor von der Größe $0{,}62^{-2.15}$ ist, den HUMBLE erstmalig näher bestimmt hat. Er stellt einen Zusammenhang der elektrischen Größen mit den mechanischen Strömungskenngrößen her.

Dieser empirische Formationsfaktor F wurde als ein weiterer charakteristischer Parameter neben der Porosität und Permeabilität eigentlich als 2. physikalische Grundgröße zur Beschreibung der physikalischen Eigenschaften des statistisch angeordneten Porengefüges eingeführt. Durch ihn wird der Durchgang für einen elektrischen Strom, also die elektrische Leitfähigkeit, bestimmt, sobald die Poren mit einem beweglichen Elektrolyten erfüllt sind. Man erhält somit neben der mechanischen Durchflußgröße eine analoge elektrische Durchflußkonstante. Das DARCYsche Gesetz entspricht so gleichsam dem OHMschen Gesetz der Elektrodynamik. Für eine Gesteinsprobe vom Querschnitt A und der Länge l gilt zunächst allgemein für einen durchfließenden Strom J, wenn die elektrische Spannung E (besser elektrisches Potentialgefälle) angelegt wird:

$$J = \dot{Q} = \frac{A \cdot E}{F \cdot \rho_w \cdot l} \text{ mit } F \cdot \rho_w = \rho \qquad (3)$$

Q = elektrische Ladung.

Die Analogie zum mechanischen Durchflußgesetz nach DARCY wird klar, wenn die Gleichung von DARCY nach dem Massenstrom V aufgelöst hingeschrieben wird.

$$V = \frac{K \cdot A \cdot \Delta P}{\eta \cdot l} \qquad (4)$$

Es entsprechen sich also die Massenstromgeschwindigkeit V und die bewegte elektrische Ladungsmenge Q, d. h. der elektrische Strom J, das mechanische Druckgefälle ΔP und die elektrische Spannung E (bzw. das elektrische Potentialgefälle), die Durchlässigkeitsgröße K mit dem Formationsfaktor (eine schlechte Bezeichnung!) $\frac{1}{F} = \frac{\rho_w}{\rho}$; ρ_w ist in Gl. (3) der Widerstand des Elektrolyten und η in Gl. (4) die Zähigkeit der frei beweglichen Phase, ρ der Gesteinswiderstand.

Die mechanische und elektrische Analogie wurde deshalb etwas ausführlich gestreift, weil in der Petrophysik immer häufiger derartige Analogiebilder eingeführt werden. Die elektrischen Größen lassen sich bekanntlich, saubere Versuchsbedingungen vorausgesetzt, mit hinreichender Genauigkeit messen; man kann dann leicht die entsprechenden Rückschlüsse ziehen. Abschließend zu dieser Betrachtung mögen daher nochmals die elektrische und die mechanische Strömung mit ihren meßbaren Kenngrößen gegenübergestellt sein:

	Flüssigkeitsströmung	Elektrischer Strom
Stromstärke:	I_{Fe}	I_e
bewegte Menge:	dV (Masse)	dQ (Ladung)
Massenstromgeschwindigkeit:	$\frac{dV}{dt} = I_F$	$\frac{dQ}{dt} = I_{el}$
Menge:	$V = \int_{t_1}^{t_2} I_F\, dt$	$Q = \int_{t_1}^{t_2} I_{el}\, dt$

In der vorstehenden Betrachtung ist der Formationswiderstandsfaktor mit der Durchlässigkeit und der Porosität in Verbindung gebracht worden, um für den speziellen Fall der Lockersandsteine eine für meßbare Größen bequeme Gestalt der Gleichung von KOZENY zu erhalten. Häufig aber wird der Humble-Faktor F nur mit der Porosität verknüpft, da er meist in Verbindung mit elektrischen Bohrlochmessungen zur Korrelation benutzt wird. Aber diese Betrachtungen gelten exakt auch nur wieder für Lockergesteine, worauf noch einmal hingewiesen werden muß. Für die Festgesteine wird man, wie angedeutet, über Ähnlichkeitsuntersuchungen zu weiteren Ergebnissen gelangen; nicht so sehr durch theoretische Überlegungen, die infolge der bereits geschilderten Porengeometrie äußerst kompliziert sein würden, sondern vielmehr durch experimentelle Arbeiten. Über die hierüber bereits innerhalb des geologischen und lagerstättenphysikalischen Zentrallaboratoriums des VEB Erdöl und Erdgas eingeleiteten Arbeiten kann aber erst später nach Abschluß bzw. erstem Überblick berichtet werden.

3. Praktisch-numerische Auswertung der Gleichung von Kozeny

Wenn auch die Gleichung von KOZENY verschiedene Nachteile aufweist, so stellt sie doch für viele Fälle der Praxis eine Hilfe dar, nämlich dann, wenn es sich um die

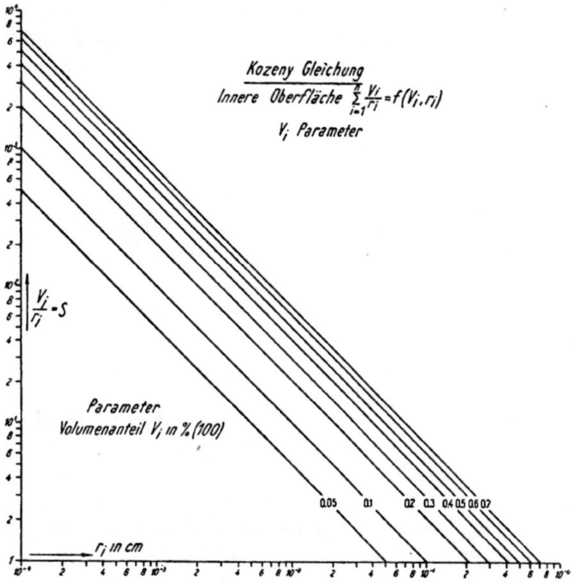

Abb. 1. Bestimmung der inneren Oberfläche aus dem mittleren Kornradius r und dem Volumenanteil V einer Kornfraktion

gesteinsphysikalische Charakterisierung von Sanden bzw. Lockergesteinen handelt. Es ist oft sehr schwierig, bei Sanden Durchlässigkeit und Porosität zu bestimmen. Allein die Korngrößenverteilung kann zusammen mit der Porosität exakt ermittelt werden. Für die Festlegung der zur Vorratsberechnung notwendigen Größen oder der erforderlichen Produktionseigenschaften sind aber die Porosität und die absolute Permeabilität erforderlich. Durch die Gleichung von KOZENY gelingt es nun, über diese Werte Kenntnis zu erhalten, wenn über die Korngrößenverteilung nach bekannten Siebmethoden Angaben vorliegen. Zur Auswertung werden zweckmäßig Diagramme aufgestellt, welche leicht nach der Gleichung (1) gezeichnet werden können.

So zeigt die Abb. 1 eine graphische Darstellung, aus der die innere Kornoberfläche S aus dem mittleren Kornradius und dem prozentualen Volumenanteil (als Parameter) einer Kornfraktion für 1 cm^3 Gestein abgelesen werden kann. Das zweite Diagramm (Abb. 2) gestattet die Bestimmung der absoluten Durchlässigkeit aus der inneren Kornoberfläche S und der Porosität ε. Die Porosität läßt sich auch von Lockersanden experimentell nach bekannten Methoden [vgl. v. MOOS & DE QUERVAIN (14)] hinreichend sauber bestimmen. Es ist wohl nicht notwendig, besonders darauf hinzuweisen, daß zur Erreichung eines Mittelwertes zahlreiche Einzelbestimmungen vorgenommen werden müssen. Das ist auf jeden Fall dann erforderlich, wenn möglicherweise aus geologischen Spezialbeobachtungen auf ein anisotropes Porengefüge des untersuchten Sandes geschlossen werden muß.

Von MUSKAT (15) wurde gezeigt, daß für petrographisch gleichartige Gesteine ein halblogarithmischer Zusammenhang zwischen der absoluten Durchlässigkeit und der Restwassersättigung besteht. Auf Grund dieser Tatsache wurde der im vorigen Abschnitt erörterte Zusammenhang der Haftwassersättigung mit der Durchlässigkeit in der von PIRSON (17) veränderten Gleichung nach KOZENY ermittelt. Die Abb. (3) zeigt diese Verhältnisse in graphischer Darstellung für Sande und Lockersandsteinbildungen. Dabei ist die Restwassersättigungskurve von $\sim$30% von Bedeutung. Durch sie werden die Sande petrographisch in zwei Klassen gegliedert. Je homogener die Sande sind, um so geringer ist ihre Haftwassersättigung; daher sind z. B. bei einem tonigen, also heterogenen Sand für eine bestimmte Durchlässigkeit höhere Porositäten zu erwarten.

Diese drei graphischen Darstellungen gelten, das sei nochmals betont, nur für den möglichen funktionalen Abhängigkeitsbereich zwischen der Porosität und der absoluten Durchlässigkeit bei Lockersanden. Sobald Verfestigung beginnt, verlieren diese Kurven ihre Anwendbarkeit. Obwohl hierfür keine strengen Zusammenhänge angebbar sind, die in graphische Form gebracht werden könnten, wurden nach den zahlreichen Beobachtungen von MUSKAT (15), PIRSON (17), CARMAN (2), ARCHIE (1) u. a. auf Grund empirischer Verknüpfungen zwischen der absoluten Durchlässigkeit, der effektiven oder Nutzporosität sowie der Gesamtsättigung flüssiger Phasen-Diagramme (Abb. 4) gezeichnet, aus denen die Haftwassersättigung (Kurve a), die mögliche Totalwassersättigung (Kurve b) und ein möglicher Förderbereich zwischen diesen Grenzkurven für das betreffende Sandgestein überschläglich entnommen werden können. Der Vergleich der Kurven für die effektive Porosität von 30% mit der Darstellung in Abb. 3 zeigt Übergänge zum Lockergestein oder umgekehrt. Im letzeren Fall mußte auch bereits von der effektiven Porosität gesprochen werden, da in den verfestigten Gesteinen, wie erwähnt, nur ein geringer Teil der Hohlräume durch Kapillaren miteinander verbunden ist und der Migration oder Wanderung frei beweglicher Phasen (Flüssigkeiten, Gase) zur Verfügung steht.

4. Zur Bestimmung der absoluten Durchlässigkeit von Festgesteinen

Die experimentelle Bestimmung der absoluten Durchlässigkeit von Festgesteinen wird im allgemeinen mit Gasen, meistens mit trockener Luft, als bewegliche Phase vorgenommen. Zur Berechnung des Koef-

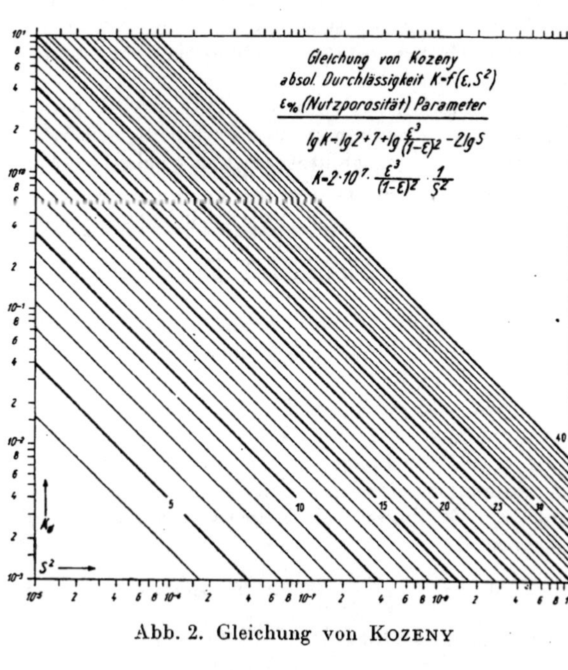

Abb. 2. Gleichung von KOZENY

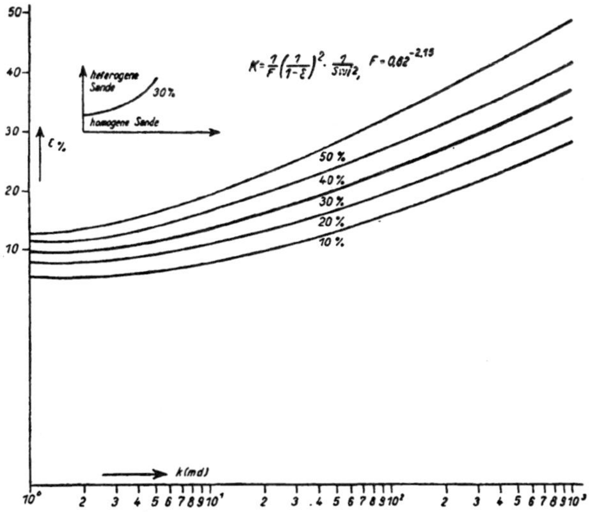

Abb. 3. Beziehung zwischen Durchlässigkeit k(md) und Porosität ε(%) mit dem Haftwassergehalt Swi als Parameter für Lockersandsteine

fizienten K aus den Beobachtungsgrößen wird die DARCYsche Filtergleichung für Gase

$$K_{(md)} = \frac{V_0 \cdot l \cdot \eta}{A \cdot t} \cdot \frac{2\,P_0}{P_1^2 - P_2^2} \qquad (5)$$

benutzt, worin V das migrierte Probegasvolumen, l die Länge der Gesteinsprobe, A der Querschnitt derselben, t die Strömungszeit, η die Zähigkeit des Gases, P_0 der jeweilig herrschende Atmosphärendruck, P_1 und P_2 der Druck vor und hinter der Probe, aus dem sich der Druckgradient oder das Druckgefälle ergeben, bedeuten. Es ist bekannt, daß bei jeder Gasbewegung auch der Temperatureinfluß nicht vernachlässigt werden darf. So wurde von KRINAN (10) und KOTJACHOW (8) die folgende Gleichung angegeben:

$$K_{(md)} = V_0\, l \cdot \eta \frac{T_n}{T_0 \cdot t} \cdot \frac{1}{A} \cdot \frac{2\,P_0}{P_1^2 - P_2^2} \quad (T_0 = 273°C \quad T_n = T_0 + t°C) \qquad (6)$$

in der der Temperatureinfluß durch die Größe $\frac{T_n}{T_0}$ berücksichtigt wird. Die genannten Arbeiten enthalten auch Korrekturtabellen für die Temperatur zur Auswertung; diese geben den Temperaturfaktor als Funktion der Durchflußzeit an. Bei einer

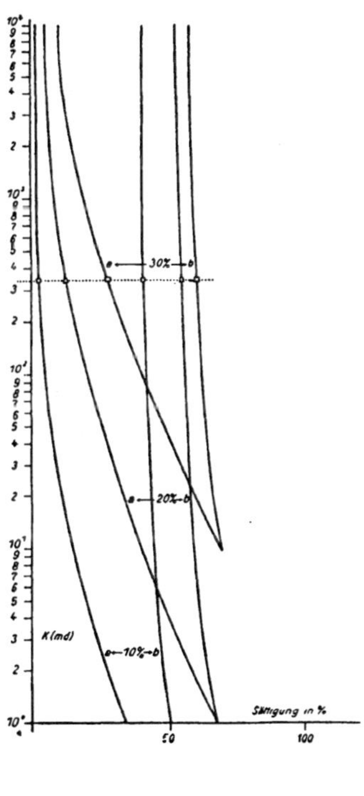

Abb. 4. Empirischer Zusammenhang zwischen absoluter Durchlässigkeit und Wasser-Öl-Sättigung für Sandsteine. Parameter: Nutzporosität (Beispiele: 10%, 20%, 30%)
a) Haftwassergehalt
b) Obere Grenze der möglichen Wassersättigung

Gasbewegung durch Gesteine, also statistisch angeordnete Kapillarsysteme, handelt es sich aber um eine sehr langsame, sogen. schleichende Bewegung. Die Einzelmessung selbst dauert z. B. für einen Gasdurchfluß von 2 l Menge etwa 120—150 s bei einer mittleren Durchlässigkeit von 100—300 md und einem Druckgefälle von 0,2 at. Wie die Kurve des Temperaturfaktors (Abb. 5) zeigt, strebt die Größe des Temperatureinflusses für größere Bewegungszeiten, die auch dem schleichenden Bewegungszustand entsprechen, asymptotisch gegen 1. Dieser Faktor kann also unberücksichtigt bleiben (in der Abb. 5 ist er zusammen mit der Zähigkeit aufgetragen, daher strebt er hier asymptotisch gegen η), wie es auch in Gleichung (5) zum Ausdruck kommt, die in unseren Messungen angewandt wird.

Nach KRINAN (10) läßt sich weiterhin zur Vereinfachung der praktischen Arbeit die Filterformel von DARCY (Gl. 5) wie folgt zerlegen:

$$K_{md} = \frac{V_0}{t} \cdot \eta \frac{l}{A} \cdot \Delta_p \qquad (7)$$

worin

$$\Delta p = \frac{P_0}{P_1^2 - P_2^2} \qquad (8)$$

den Druckterm bedeutet. Die Größe $\eta \frac{l}{A}$ läßt sich zu einem festen Wert zusammenfassen, wenn — wie bei Reihenmessungen üblich — stets die gleichen Abmessungen angewandt werden (zum mindesten muß dies nach Möglichkeit erstrebt werden). Für unsere Messungen beträgt dieser Term im Mittel $A_2 = 24 \cdot 10^{-3}$ cP/cm = 2,4 cP/m. Während über die durch direkte

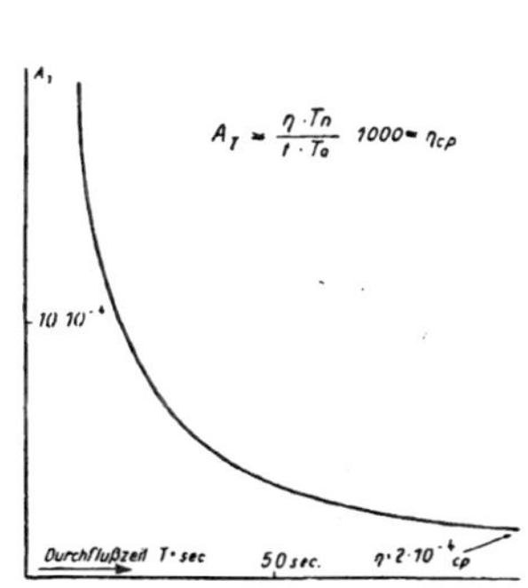

Abb. 5. Temperaturfaktor $A_T \cdot \eta$ Abhängigkeit von der Durchflußzeit

Messungen zu bestimmenden Größen V_0 (diese wird zweckmäßig auch auf 2000 oder 5000 cm^3 festgesetzt) und t (Zeitmessung) nichts zu sagen ist, bedarf der Term Δp einer kurzen Diskussion. Er verursacht gewöhnlich in der Auswertung die meisten Rechenarbeiten. Zunächst ist der Einfluß von P_0 zu betrachten. Eine graphische Betrachtung zeigt, daß in dem Meßbereich von 740 bis 770 mm Hg-Säule Luftdruck der Einfluß auf den Faktor Δp 6—8‰ beträgt. Es soll hier keine besondere Fehlerbetrachtung des Meßergebnisses angestellt werden; jedoch die Geringfügigkeit dieses Fehlers läßt sich bereits durch eine rohe Abschätzung aussprechen. Unter dieser Annahme wurde für den Druckabfall Δp, der sich an den beiden Enden der Meßprobe einstellt, der Term Δp graphisch dargestellt (Abb. 6); aus dieser Kurve, die im doppeltlogarithmischen Netz eine Gerade ist, lassen sich für Druckabfälle zwischen 1—1000 cm (mm)

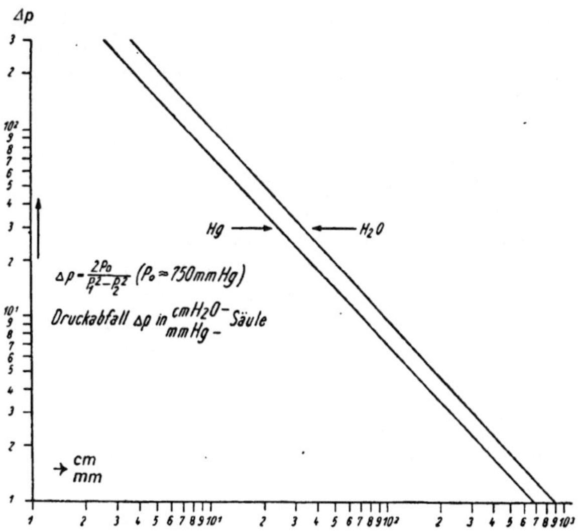

Abb. 6. Graphische Darstellung der Druckgröße

H_2O(Hg)-Säule die entsprechenden Werte ablesen. Vergleichsrechnungen an verschiedenen Proben ergaben zufriedenstellende Werte; die Bestimmungen mittels des graphischen Weges und einer anschließenden Rechenschieberauswertung führten auf im Mittel 5—8% tiefer oder höher liegende Werte. Diese Schwankung rührt von dem benutzten mittleren Wert $P_0 \approx 750$ mm Hg-Säule her.

5. Abhängigkeit der Durchlässigkeitsmessung von der frei beweglichen Phase

Sowohl aus der Theorie als auch aus den Versuchen von DARCY (4) geht zunächst hervor, daß die bewegliche Phase auf die Bestimmung des Durchlässigkeits-Koeffizienten K keinen Einfluß hat, d. h., es ist beliebig, welches Medium als bewegliche Phase gewählt wird. Solange die freie Phase mit dem Gesteinsgerüst oder deren Komponenten in keine Reaktion treten kann, ist diese Auffassung zutreffend, wie es bisher fast alle Messungen mit trockener Luft zu bestätigen schienen. Jedoch wurden in letzter Zeit an Gesteinen auch Beobachtungen gemacht, wonach die Durchlässigkeit doch von der beweglichen Phase beeinflußt wird. So zeigten Chirotheriensandsteinproben (sm_3) aus NW-Thüringen (Raum Langensalza) eine Abnahme der Durchlässigkeit, wenn N_2 anstatt trockener Luft als strömende Phase benutzt wurde. Ähnliche Beobachtungen konnten bei nicht voll getrockneter Luft festgestellt werden. Dieser letztere Einfluß dürfte aber auf quellende Tonminerale zurückzuführen sein, welche im Bindezement enthalten waren. Dagegen könnte die Herabsetzung der Permeabilität bei N_2 möglicherweise durch Absorption an der Porenoberfläche bedingt sein. Träfe dies zu — durch weitere Versuche soll dies erhärtet werden —, so könnte man aus Vergleichsmessungen mit Luft und N_2, ähnlich wie in chemisch und topologisch wohl definierten porösen Körpern, entsprechend den Hinweisen von CARMAN (2), die innere Oberfläche S auf diese Weise bestimmen. Auf den Einfluß verschiedener strömender Medien hat kürzlich auch WILK[1]) (21) hingewiesen. In seiner Arbeit führt er mehrere Beispiele an, welche durch Quellung von Tonmineralen erklärt werden. Jedoch kann möglicherweise bei dem Versuch mit Ammoniumsulfid auch Verstopfung durch Neuausscheidung vorliegen.

Ähnliche Porenschließungen besaß möglicherweise auch der obengenannte Chirotheriensandstein, sobald normales Leuchtgas (gereinigt) als bewegliche Phase gewählt wurde. Über diese Erscheinungen kann vorerst nur beschreibend berichtet werden; Klärungen über die einzelnen Vorgänge müssen jedoch noch durch weitere systematische Versuche erreicht werden, da sie sowohl zum vollen Verständnis der Lagerstättenphysik als auch für die Anwendung in der Fördertechnik wichtig sind.

[1]) Hinweise bereits 1957 mündlich erhalten.

6. Zusammenfassung

In der vorliegenden Darstellung zur Mikrohydraulik der absoluten Durchlässigkeit wurde über einige für die Geologie besonders wesentliche Fragen berichtet. Zunächst wurde die mögliche Abhängigkeit der Durchlässigkeit von der Porosität gestreift und dabei die Gleichung von KOZENY diskutiert. Mehrere aus ihr abzuleitende graphische Darstellungen sollen die Zusammenhänge veranschaulichen. Ferner wurden einige meßtechnische Fragen im Zusammenhang mit der petrographisch möglichen Zulässigkeit behandelt. Abschließend wurde kurz auf die Abhängigkeit der strömenden Phase auf die Größe der Durchlässigkeit eingegangen.

Dieser Aufsatz soll ein erster Beitrag zur Betrachtung der gesteins- und lagerstättenphysikalischen Parameter unter geologischem Gesichtspunkt sein, dem in Kürze weitere Betrachtungen über die Kapillardruckmessungen, die effektive Permeabilität, die gesteinsphysikalische Auswertung von Druckaufbaukurven u. a. folgen sollen.

Literatur

1. ARCHIE, G. E.: Introduction to petrophysics of reservoir rocks. — AAPG-Bulletin, Vol. 34, S. 943 ff., 1947.
2. CARMAN, P. C.: Flow of gases through porous media. — London 1956.
3. CORRENS, W.: Die Sedimentgesteine. — In BARTH-CORRENS-ESKOLA, Die Entstehung der Gesteine. Berlin 1939.
4. DARCY, H.: Les Fontaines de la ville de Dijon. — Paris 1856.
5. V. ENGELHARDT, W. & H. PITTER: Über die Zusammenhänge zwischen Porosität, Permeabilität und Korngröße von Sanden und Sandsteinen. — Heidelberger Beitr. z. Min. u. Petro. Bd. 2, S. 477 bis 491, 1951.
6. HAMEISTER, E.: Zur Berechnungsformel der Durchlässigkeit von Gesteinen nach dem Filtergesetz von Darcy. — Gerlands Beitr. z. Geophysik, Bd. 66, S. 256—263, 1957.
7. IRMAY, S.: On the theoretical derivation of Darcy and Forchheimer Formulas. — Transactions of American Geophysical Union. Vol. 39, S. 702—707, 1958.
8. KOTJACHOW, F. L. & N. P. BUTOWIN: Grundlagen der Physik der Erdölspeichergesteine. — Gostoptechisdat 1948 (russisch).
9. KOZENY, J.: Über kapillare Leitung des Wassers im Boden. — Wien, Akad. Wiss. Sitz.-Ber. A. Bd. 136, S. 271 ff, 1927.
10. KRINAN, A.: Zur Bestimmung der Gasdurchlässigkeit der Gesteine. — Nachr. Akadem. d. Wiss. d. UdSSR, Z. angew. Geol. (Übers.) Bd. 1, 1955.
11. KRUMBEIN, A. u. M. SLOSS: Sedimentation and Paläogeographie. — San Franzisko 1956.
12. LEVORSEN, A.: Geology of Petroleum. — San Franzisko 1955.
13. MEYER-GÜRR, F.: Grundlagen der Erdölförderung. — Berlin 1944.
14. A. V. MOOS, H. & F. DE QUERVAIN: Technische Gesteinskunde. — Basel 1948.
15. MUSKAT, M.: Physical principles of oil production. — New York 1949.
16. NIGGLI, P. & E.: Mineral- und Gesteinslagerstätten. — Bd. I, Basel 1948.
17. PIRSON, L.: Oil reservoir ingeneering. — New York 1958.
18. SCHEIDEGGER, A. E.: The physics of flow through porous media. — Univ. Press., Toronto 1957.
19. RUHL, A. & C. SCHMID: Zur Anisotropie der Permeabilität der Gesteine. — Jahrb. d. Amtes f. Bodenf. Bd 74, S. 447—462. — Benzband 1957.
20. SCHUMANN, H.: Die Porosität und Permeabilität von Sandsteinen. — Erdöl u. Kohle, Bd. 5, S. 473—477, 1952.
21. WILK, Z.: Zum Problem der Mikrohydraulik (polnisch). Nafta, Katowice. Bd. XIV, S. 297—298, 1958.

Zur Fertigstellung der Rappbode-Talsperre

RICHARD KÖHLER, Berlin

Für die Gewinnung elektrischer Energie in der Deutschen Demokratischen Republik ist heute die Braunkohle einer der wichtigsten Rohstoffe. Sie wird aber den gewaltig ansteigenden Energiebedarf auf die Dauer nicht allein decken können, auch wenn unsere Geologen weitere braunkohlenhöffige Gebiete in den nächsten Jahren in der DDR auffinden werden. Man muß also notgedrungen nach anderen natürlichen Rohstoffen zur Gewinnung von Energie Ausschau halten. Wenn auch in naher Zukunft aus Erdöl und Erdgas, aus Kernspaltung oder Kernfusion gewaltige Energiemengen nutzbar gemacht werden können, so wird man sich doch in den nächsten Jahren und Jahrzehnten nicht nur auf die Ausnutzung und Entfaltung dieser modernen Energiequellen orientieren können. Für die schnelle Deckung des Energiebedarfs muß auch die stärkere Ausnutzung der Wasserkraft in unserer Republik herangezogen werden.

Betrachtet man das Energieproblem global, so ersieht man, daß sich der Energieverbrauch seit der Jahrhundertwende alle 10 Jahre etwa verdoppelt. Das bedeutet, daß seit dem ersten Weltkrieg der Energieverbrauch auf rund das 16fache gestiegen ist. Technisierung und Automatisierung im weitesten Sinne, der sich ständig erhöhende Lebensstandard, die stetige Erhöhung der Bevölkerungszahl werden den Energiebedarf mindestens in der gleichen Weise weiteransteigen lassen. Es ist kein Geheimnis, daß in nicht allzu ferner Zukunft die Energiegewinnung aus Kohle in der Welt mehr und mehr zurückgehen wird. Das trifft aber nicht für die Nutzung der Wasserkräfte zu, die sich praktisch niemals erschöpfen, denn das verbrauchte Wasser kehrt ja schließlich immer wieder als Regen zur Erde, zur Quelle, zurück.

Die Fertigstellung der Rappbode-Talsperre bei Wendefurt im Harz, eines der größten Bauvorhaben der DDR und eine der größten Sperren Deutschlands, stellt das zentrale Bauwerk des Sperrensystems im Laufe der Bode dar. Außer der Rappbode-Talsperre gehören zu diesem Bode-Sperrensystem ein Hochwasserrückhaltebecken an der Kalten Bode zwischen Elend und Königshütte, die Überleitungssperre an der Trogfurter Brücke bei Königshütte — von hier wird das angestaute Wasser der vereinigten Kalten und Warmen Bode durch einen Überleitungsstollen ins Staubecken der Rappbode-Sperre geleitet —, die beiden Vorsperren an der Hassel und Rappbode, eine Trinkwasserrohrleitung, eine Trinkwasseraufbereitungsanlage bei Wendefurt, große Trinkwasserfernleitungen in den mitteldeutschen Raum, ein Straßentunnel am linken Hang der Rappbode-Sperre, die Wendefurter Sperre und das Pumpspeicherwerk bei Wendefurt. Außerdem sind ein 7 km langer Kraftstollen von der Wendefurter Sperre bis Thale, ein Kraftwerk bei Thale und ein Ausgleichsweiher in der Bode unterhalb von Thale geplant, wofür die ingenieurgeologischen Gutachten bereits vorliegen. In diesem Zusammenhang soll nicht unerwähnt bleiben, daß auch eine ganze Reihe zusätzlicher ingenieurgeologischer Begutachtungen und Beratungen in den vergangenen Jahren über Zufahrtsstraßen, Straßenverlegungen und Trinkwasserversorgungen des Bodewerkes durchgeführt wurden. Die erfolgte Einweihung des zentralen Bauwerkes, der Rappbode-Talsperre, im Herbst 1959 gestattet den Mitarbeitern der Ingenieurgeologie, rückblickend ihre Tätigkeit zu überprüfen. Es sollen hier einmal die Namen der wichtigsten Vertreter der Ingenieurgeologie angeführt werden, die an diesem gewaltigen Sperrensystem tatkräftig mitgearbeit haben: Dr. TH. ZOELTSCH †, Verf., Ing. A. THOMAS und insbesondere als Objektgeologen des Geologischen Dienstes Halle Dr. F. REUTER und Geologie-Ing. F. SEIDEL. Besonders die beiden Objektgeologen haben dort in den letzten Jahren z. T. ständig im Einsatz gestanden.

Bereits um die Jahrhundertwende wurden die ersten Projekte zur Gewinnung von Energie und zum Schutz vor Hochwasserschäden für den Lauf der Bode ausgearbeitet. Durch die Vorbereitung zweier Weltkriege im imperialistischen Deutschland unterblieben jedoch bis auf geringe geologische Untersuchungen in den nächsten Jahrzehnten wesentliche Geländearbeiten. Vor dem zweiten Weltkrieg wurde das Projekt zwar erneut aufgegriffen, jedoch auch diesmal ohne wesentliche praktische Erfolge. Im Gebiet der geplanten Achse der Rappbode-Talsperre wurde auf dem linken Hang damals ein größerer Schurf bzw. Schlitz angelegt, der späterhin noch mit Anlaß zu einigen Rutschbewegungen geben sollte. Nach 1945 faßte unsere Regierung den kühnen Entschluß, nunmehr dieses gewaltige Sperrensystem im Bodegebiet endgültig zu projektieren und mit den Bauarbeiten zu beginnen. Vom Jahre 1950 an waren unsere Ingenieurgeologen in engster Zusammenarbeit mit dem Investträger (Amt für Wasserwirt-

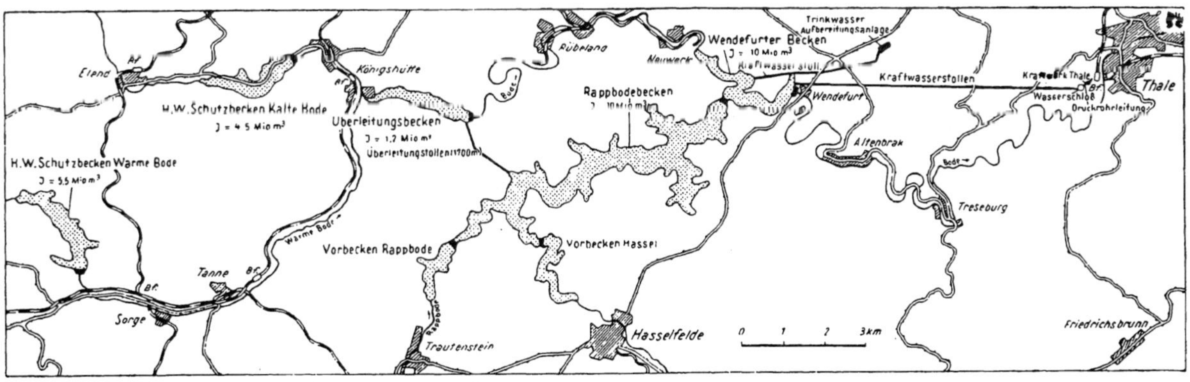

Abb. 1. Übersichtskarte der Bodetalsperren

schaft), der örtlichen Bauleitung (Aufbauleitung Bodewerk) sowie den bauausführenden Betrieben (VEB Talsperrenbau Weimar und VEB Schachtbau, Verfestigungen und Abdichtungen, Nordhausen) maßgeblich an den noch fehlenden Erkundungsarbeiten zur Überprüfung des Stauraumes, beim Aushub der Baugruben, bei den Baugrundabnahmen und den Vergütungsarbeiten zur Abdichtung des Untergrundes beteiligt. Diese Mitarbeit war zumindest anfänglich nicht einfach, standen doch, bedingt durch den von Deutschland verlorenen zweiten Weltkrieg, nur sehr wenig geeignete Fachkräfte und wenig geeignete und z. T. ältere Geräte für die ingenieurgeologischen Untersuchungen zur Verfügung.

Abb. 1, „Übersichtskarte der Bodetalsperren", soll über die Lage der einzelnen Sperren orientieren. Es genügen hier wenige kurze Hinweise, da über technische Einzelheiten, über spezielle geologische bzw. ingenieurgeologische Probleme von bewährten Fachkollegen bereits Veröffentlichungen erfolgten bzw. entsprechende Arbeiten hierüber noch berichten werden.

Die Rappbode-Talsperre, das gewaltige Zentralwerk des Bode-Sperrensystems, liegt unweit Wendefurt, wenig abseits der Straße Blankenburg—Hasselfelde (F 81). Die feierliche Grundsteinlegung erfolgte anläßlich des Weltfriedenstages am 1. 9. 1952. Die Höhe der Betonmauer beträgt 106 m bei einer Länge von 415 m und einer Kronenbreite von 12,5 m. Über die Sperrmauer führt eine neue Straße (LIO 96), die die Verbindung zwischen der Fernstraße F 81 Blankenburg—Hasselfelde und der Straße LIO 27 Blankenburg—Elbingerode herstellt. Diese neue Verbindungsstraße dient als Ersatz der nunmehr in den Stauraum fallenden Straße Hasselfelde—Rübeland. Die neue Straße wird über den linken Hang durch einen 220 m langen Straßentunnel an die Mauerkrone herangeführt. Der Tunnel selbst weist eine Breite von 12 m und eine Höhe von 6,5 m auf. Die Arbeiten an diesem Straßentunnel begannen 1954 und wurden Mitte 1959 beendet (Abb. 2).

Geologisch gesehen, steht die Rappbode-Talsperre im Devon. Es handelt sich hierbei im wesentlichen um Schichten des Wissenbacher Schiefers und des Hauptquarzits. Gebänderter wie auch bunter Schiefer wurden bei den Aufschlüssen in der Baugrube und an den Hängen in enger Verknüpfung mit Wissenbacher Schiefer und Hauptquarzit angetroffen. Die Meinungen der Harzgeologen über die genaue stratigraphische Einstufung dieser Schichten schwanken zwischen oberem Unterdevon und unterem Oberdevon. Nach neueren Untersuchungen von REUTER können die Bandschiefer (gebänderter Schiefer) als eine Übergangsfazies zwischen Hauptquarzit und Wissenbacher Schiefer angesehen und ins Mitteldevon eingestuft werden. Gebänderter Schiefer weist hier helle, dünne, feinsandige Streifen auf, sie gehen infolge wechselnder Sedimentationsbedingungen vielfach in dickere, mehr graublaue Lagen über. Neben diesen gebänderten Schiefern stehen im Baugrund noch dunklere, milde Tonschiefer vom Typ des Wissenbacher Schiefers an. Die weniger günstigen Lagerungsverhältnisse am linken Hang — Wechsellagerungen von gebänderten rauhen und dunkleren milden Tonschiefern, Einfallen gegen das Tal, Streichen spitzwinklig bis parallel zum Talhang — haben zu gelegentlichen Rutschbewegungen geführt, die Umdispositionen des Bauablaufes und Maßnahmen zur Sicherung der arbeitenden Menschen erforderten. Diese von den Geologen erwarteten Bewegungen am linken Hang haben kein Menschenleben gefordert und konnten den gesamten Bauablauf im allgemeinen nur unwesentlich behindern. Es darf angenommen werden, daß die Anlage des tieferen Einschnittes am linken Hang mehrere Jahre vor Baubeginn mit dazu beigetragen hat, daß an dieser Stelle durch den Angriff der Atmosphärilien das Gestein weiter zermürbt und verruschelt wurde, so daß sich gewisse Gleitflächen ausbilden konnten, auf denen sich namentlich im Frühjahr oder nach stärkeren Regenfällen Rutschbewegungen auslösten.

Der Straßentunnel hat an der Sperrmauer zunächst gebänderten Tonschiefer aufgeschlossen. Etwa von Tunnelmitte ab zeigt sich im Anschluß an eine Störung dann Wissenbacher Schiefer mit einem Keratophyrgang am Tunnelausgang der Rübeländer Seite.

Die Arbeiten an der Überleitungssperre bei Königshütte an der Trogfurter Brücke begannen 1953 und wurden 1956 beendet. Die Staumauer weist eine Höhe von 18 m und eine Länge von 122 m auf; über die 7 m breite Mauerkrone führen eine Landstraße und Fußwege. Die Staumauer wurde in einem Mittelharzer Granitporphyrgang gegründet. Dieses Ganggestein durchsetzt dort die Tonschiefer des Unterdevon (Hauptquarzit).

Ein Überleitungsstollen von 1,7 m Länge führt das Wasser der vereinigten Warmen und Kalten Bode von der Überleitungssperre in den Stauraum der Rappbodesperre. Die Höhe des Stollens beträgt 2,75 m bei einer Breite von 2,20 m. Durch den Stollenbau wurden Tonschiefer des Hauptquarzits, Wissenbacher Schiefer und Tanner Grauwacke durchfahren.

Mit dem Baubeginn des Hochwasserrückhaltebeckens Kalte Bode zwischen Königshütte und Elend wurde 1952 begonnen, die Einweihung erfolgte 1957. Der Erddamm erreicht eine Höhe von 24 m, die Länge beträgt 240 m, die Kronenbreite 3 m. Die Abdichtung dieses Erddammes, der aus den im Stauraum anfallenden Erdmassen geschüttet wurde, erfolgte wasserseitig durch eine Hydratonschürze. Den Baugrund bilden auch hier devonische Schichten (Oberes Mitteldevon). Es handelt sich hier vornehmlich um Schalstein; er ist geschiefert und zeigt teilweise eine breccienartige Ausbildung. In tuffigen Grundmassen liegen große eckige Einlagerungen von Kalksteinen und rotfleckigem Keratoporphyr.

Die Grundsteinlegung für die Hassel-Vorsperre erfolgte am 6. 12. 1957, die Bauarbeiten wurden im Sommer 1959 beendet. Die Staumauer zeigt eine Höhe von 21 m, eine Länge von 145 m und eine Kronenbreite von 2,50 m. Der Untergrund dieser Vorsperre besteht aus Grauwacke und Grauwackenschiefer der Tanner Grauwacke.

Für die im Bau befindliche Rappbode-Vorsperre wurde mit den Betonierungsarbeiten am 17. 9. 1958 begonnen, die Fertigstellung ist für Mai 1960 in Aussicht genommen. Die Höhe der Staumauer beträgt hier 24 m, die Länge 134 m und die Kronenbreite rd. 4,50 m. An der Sperrstelle ist überwiegend Diabas aufgeschlossen, der einige Tonschiefereinlagerungen aufweist. Der Diabas liegt im Wissenbacher Schiefer (Unteres Mitteldevon).

Unmittelbar unterhalb der Rappbode-Talsperre, oberhalb Wendefurt, ist eine weitere Sperre, die Wendefurter

Abb. 2. Nach Abschluß der Bauarbeiten an der Bodetal-Sperrmauer Sommer 1959

Sperre, geplant. Mit dem Baubeginn ist im Jahre 1960 zu rechnen. Die Mauer dieser Sperre soll eine Höhe von 42 m aufweisen, die Länge ist mit 225 m bei einer Kronenbreite von 10 m bemessen. Das anstehende Gestein ist hier überwiegend Tonschiefer mit einigen geringmächtigen Diabasgängen. Die Diabase sind durch herzynisch streichende Störungen verworfen. Im Bereich dieser Sperre sind abschließend noch eine Pumpspeicheranlage sowie das Kraftwerk Thale geplant.

Von der Sperrmauer der Rappbode-Talsperre führt ein 3,1 km langer Trinkwasserstollen das Wasser zu einer Trinkwasseraufbereitungsanlage. In diesem Trinkwasserstollen wurden Schleuderbetonrohre von 2,0 m Durchmesser verlegt. Der Trinkwasserstollen hat im wesentlichen Tonschiefer durchfahren, es wurden auch mehrfach Diabasdecken und -lagergänge angetroffen. Die Bauarbeiten für die Trinkwasseraufbereitungsanlage begannen im Jahre 1958. Hier steht im wesentlichen Wissenbacher Schiefer an, der verschiedentlich Kalksteinlagen und -linsen sowie Diabase aufweist.

Das angestaute Wasser des Bodesperrensystems wird namentlich der Trinkwasserversorgung des mitteldeutschen Raumes dienen. Es ist zusammen mit den Projekten Elbaue und Letzlinger Heide später für eine Verbundwasserversorgung geplant. Dieser Trinkwasserversorgung werden u. a. die Städte Magdeburg, Halle und Merseburg angeschlossen.

Die Rappbode-Talsperre können wir Ingenieurgeologen der DDR gewissermaßen als Lehrbaustelle ansehen. Wir werden uns noch sehr anstrengen müssen, um unsere Kenntnisse auf dem Gebiet der Talsperrengeologie zu vertiefen und zu erweitern. Ein Talsperrenbau erfordert die ständige ununterbrochene Arbeit des Ingenieurgeologen von der Vorerkundung bis zur endgültigen Fertigstellung. Um den heute auch an die Ingenieurgeologie gestellten höheren Anforderungen gerecht werden zu können, wurde Anfang dieses Jahres eine Talsperrenkommission der Staatlichen Geologischen Kommision gebildet und auf einer Zusammenkunft der Ingenieurgeologen im April 1959 in Jena der geologischen Seite des Talsperrenbaus der Vorrang gegeben. Es darf angenommen werden, daß bei den Arbeiten der Ingenieurgeologen für den Talsperrenbau in nächster Zeit die Erfahrungen an der Rappbode-Talsperre zur Auswirkung kommen werden. Große, dankbare, aber auch verantwortungsvolle Aufgaben stehen der Talsperrengeologie bevor, so die Projekte: Kraftwerk Hohenwarte II mit Pumpspeicherwerk Amalienhöhe, die Talsperren Pöhl, Ohra und Netzkater. Je umfangreicher, zielstrebiger und konsequenter ingenieurgeologische Erkundungsarbeiten rechtzeitig durchgeführt werden, um so weniger werden unliebsame Überraschungen während der Bauzeit oder nach Fertigstellung einer Sperre zu befürchten sein. Die für Kernbohrungen, Schürfe, Stollen, Wasserdruckprüfungen und Probeinjektionen bereits im Stadium der Vorplanung verausgabten Mittel werden niemals nutzlos oder vergeblich sein. Durch Versäumnis oder verkehrte Sparsamkeit bei den Arbeiten während der Vorerkundung, besonders beim Talsperrenbau, sind sehr häufig während des Baues selbst oder auch später noch überraschende Schwierigkeiten aufgetreten, deren Behebung ein Vielfaches früher ersparter Kosten erforderte, ganz abgesehen davon, daß durch falsche Sparsamkeit später höhere Materialanforderungen und längere Bauzeiten die Folge waren. Bei der Rappbode-Talsperre wurden die umfangreichen ingenieurgeologischen Arbeiten richtig eingeschätzt. Es bestand besonders von der Grundsteinlegung an stets eine gute Zusammenarbeit zwischen der Bauleitung des Bodewerkes, dem Amt für Wasserwirtschaft, den bauausführenden Betrieben VEB Talsperrenbau Weimar sowie VEB Schachtbau, Verfestigungen und Abdichtungen, Nordhausen, und den Ingenieurgeologen. Die jederzeit vorhandene kollegiale gegenseitige Unterstützung, die offenen und sachlichen Auseinandersetzungen bei größeren Besprechungen wie bei Einzelberatungen und Objektbegehungen durch alle Beteiligten kann durchaus als nachahmenswert für ähnliche Bauten herausgestellt werden.

Möge dieses zentrale Bauwerk des Sperrensystems an der Bode, die am 7. 10. 1959 eingeweihte und ihrem Zweck übergebene Rappbode-Talsperre, alle Erwartungen erfüllen, die seinerzeit an seinen Bau gestellt wurden. Die hier gestauten Wassermengen sollen den Menschen, die unmittelbar im Bereich der Bode leben, größere Sicherheit gegen Überschwemmungen geben, der Landwirtschaft durch geregelten Wasserlauf höhere Ernten bringen, der Industrie durch Krafterzeugung die notwendigen Energien zuleiten und darüber hinaus den Trinkwasserbedarf der Werktätigen im gesamten mitteldeutschen Raum für viele Jahrzehnte sichern.

Grundsätze komplexer hydrogeologischer Untersuchungen im Bereich der Lockergesteine

JOHANNES ZIESCHANG, Berlin

Die Auswertung von komplexen hydrogeologischen Untersuchungen und die Darstellung der Ergebnisse

1. Hydrogeologischer Plan

Als grundlegender und einheitlich zu entwerfender Übersichtsplan ist der sogenannte hydrogeologische Plan am zweckmäßigsten im Maßstab 1:25000 zu zeichnen. Diesem Plan ist zur Groborientierung mindestens eine einfache und einheitliche topographische Grundlage zu geben. Außerdem sollten die in Tabelle 1 zusammengestellten Signaturen verwendet werden, die zur Orientierung mit arabischen Zahlen fortlaufend zu numerieren sind (mit Bohrjahr-Kennzeichnung, z. B. 1/58).

Pumpversuchsergebnisse zur Ermittlung des Durchlässigkeitsbeiwertes k_f sollten durch ein hinter die Nummer der betreffenden Bohrung anzubringendes k gekennzeichnet werden, während sonstige Sonderuntersuchungen in gleicher Weise durch ein s festzuhalten sind. Die Angabe von Indexzahlen schafft die Möglichkeit, mehrere Spezialergebnisse im hydrogeologischen Plan aufzuführen (z. B. 2/58 k_1).

Durchlässigkeitsbeiwertermittlungen aus Siebanalysen oder Laborversuchen werden auf dem hydrogeologischen Plan nicht angezeigt, da in allen möglichen Fällen siebanalytische Untersuchungen durchgeführt werden sollten.

Die zum Zwecke der genauen Fließrichtungsbestimmung niedergebrachten Hydrologischen Dreiecke (Seitenlängen meist 100 m) sind zumindest bei großen Maßstäben durch alle 3 Bohrungen zu kennzeichnen. An der Bohrung, die den tiefsten Grundwasserstand (auf NN bezogen) aufweist, wird ein kurzer Pfeil, entsprechend der konstruierten Fließrichtung, angezeichnet; bei kleinen Maßstäben wird nur die Bohrung mit Pfeil eingetragen.

Profile sind als einfach ausgezogene Linien von Bohrung zu Bohrung einzuzeichnen und durch Buchstaben zu kennzeichnen. Bei der Auswahl von Profillinien sind besonders die senkrecht zur Grundwasserfließrichtung verlaufenden zu bevorzugen.

Grundwasserisohypsen sind als kräftige und durchgehend ausgezogene Linien zu zeichnen, Meterlinien sind bevorzugt anzuwenden. Es dürfen nur sicher ermittelte Linien eingezeichnet werden. Ausnahmsweise können nicht sicher nachgewiesene Grundwasserisohypsen gerissen eingetragen werden. Die m-über-NN-Werte werden an einem oder an beiden Enden der betreffenden Isohypse mindestens mit Dezimetergenauigkeit eingetragen (bei vollen Metern z. B. 71,0).

Bei der Konstruktion der Grundwasserisohypsen sollten möglichst nur Stichtagsmeßergebnisse benutzt werden. Derartige Momentaufnahmen sind den Konstruktionen aus Monats- oder Jahresmitteln unbedingt vorzuziehen. Liegen zwei Grundwasserstockwerke vor, die unterschiedliche Grundwasserisohypsen ergeben, dann sind die zum tieferen Grundwasserstockwerk gehörigen Isohypsen als strichpunktierte Linien zu zeichnen.

Artesische Grundwässer sind auf hydrogeologischen Plänen nicht durch besondere Signaturen kenntlich zu machen, da die Überflurspannung aus den Isohypsen und den bekannten Geländehöhen errechnet und gegebenenfalls im Erläuterungsbericht erwähnt werden kann.

In den hydrogeologischen Plan sind alle verwendeten und ausgewerteten Bohrungen, Pegel und sonstigen Untersuchungsergebnisse in der genannten Weise einzutragen, damit das Gesamtergebnis der Untersuchung allseitig kontrollierbar ist.

2. Hydrogeologisches Profil

Dem Ergebnisbericht sind ein oder mehrere Profile beizugeben; sie sind einheitlich zu entwerfen.

Das Profil wird einer Abszisse (unten) und einer Ordinate (links) untergeordnet. Auf die Ordinate ist eine Höhenskala in m NN zu zeichnen. Außerdem sind die Maßstäbe in eine freie untere Ecke einheitlich einzusetzen. Die Überhöhung ist möglichst klein zu halten.

Die Kennzeichnung der Bohrungen erfolgt unmittelbar über der einfach ausgezogenen Geländelinie mit der auf dem hydrogeologischen Plan vorhandenen Numerierung. Profilknickpunkte sind nur an Bohrpunkten festzulegen und durch Himmelrichtungsangaben kenntlich zu machen.

Die Konstruktion des hydrogeologischen Inhalts des Profiles erfolgt nach den Bohrergebnissen. Die hydrogeologischen Einheiten sind entweder nach den gültigen DIN oder nach einer vereinfachten Darstellung (siehe Tabelle 2) zu wählen. Die Vereinfachung erfolgte unter Berücksichtigung der Durchlässigkeiten der Bodenarten.

Eventuell anzufertigende Schnitte von Einzelbohrungen sind ebenfalls nach den gültigen DIN zu zeichnen.

3. Auswertung der Siebanalyse

Aus der siebanalytischen Untersuchung läßt sich der prozentuale Anteil der einzelnen Kornfraktionen errechnen. Diese Werte gestatten die Konstruktion einer Korngrößensummenkurve, die am zweckmäßigsten auf die bewährten Vordrucke mit logarithmischer Abszisseneinteilung (Korndurchmesser in Millimetern) und linearer Ordinateneinteilung (Gewichtsprozente der Gesamtprobe) gezeichnet wird.

Aus der Korngrößensummenkurve, die eine genaue Ansprache der Bohrprobe gestattet, ist der Ungleichförmigkeitsgrad d_{60}/d_{10} zu ermitteln. Außerdem läßt sich nach HAZEN mit Hilfe der sogenannten wirksamen Korngröße d_{10} (in Millimetern) und einer empirisch ermittelten Konstanten der Durchlässigkeitsbeiwert k_f errechnen.

$$k_f = 0{,}0116 \cdot d_{10}^2 \text{ (m/s)}$$

Der errechnete Wert ist nur für eine Wassertemperatur von 10° C gültig. Mit dieser Methode erhält man auch nur dann brauchbare Durchlässigkeitsbeiwerte, wenn der Ungleichförmigkeitsgrad unter 5 liegt und ein Mittelsandanteil von mehr als 10% vorhanden ist.

4. Apparative Durchlässigkeitsbeiwertbestimmung

Die apparative k_f-Wert-Bestimmung verlangt eine äußerst sorgfältige Laborarbeit, da bereits an einer Bodenprobe größere Wertabweichungen bei verschie-

Tabelle 1. Signaturen zum hydrogeologischen Plan

Bedeutung	Zeichnerische Darstellung
1) Bohrergebnis	○
2) Bohrergebnis und Pumpversuch	⊖
3) Bohrergebnis und chemische Analyse	⦶
4) Bohrergebnis, Pumpversuch und chemische Analyse	⊕
5) chemische Analyse	+
6) Oberflächenwasserpegel	▽
7) Bohrergebnis und Grundwasserpegel	◔
8) Bohrergebnis, Pumpversuch und Grundwasserpegel	◓
9) Bohrergebnis, chemische Analyse und Grundwasserpegel	◑
10) Bohrergebnis, Pumpversuch, chemische Analyse und Grundwasserpegel	●

denen Lagerungsformen auftreten. Sie ist bei klein dimensionierten Durchlaufapparaten nur für die Untersuchung von Sanden zu empfehlen.

Bei der Bekanntgabe von apparativ bestimmten k_f-Werten ist stets der benutzte Apparaturtyp und die untersuchte Lagerungsform mitzuteilen. Außerdem muß die während des Versuches gemessene Wassertemperatur angegeben werden, falls keine Umrechnung, meist auf +10° C, erfolgt ist.

5. Auswertung des Pumpversuches

Die während des Pumpversuches gemessenen Werte sind in eine Liste fortlaufend einzutragen und in dieser Form bekanntzugeben. Folgender Listenkopf (2) wird empfohlen:

Objekt und Bohrungs-Nr.: . . . .
Filter: von . . . bis . . . m u. Gel., Durchmesser: . . mm
Filterart: . . . .
Kiesschüttungsdicke/-körnung: . . . . . /. . . . . mm
Meßpunkt über Gelände: . . . m, Pumpversuch am: . . .
Breite des Ponceletüberfalls: . . . . mm
Saugpunkt: . . . . m u. Gel.

Zeit	Leistung		Wasserspiegel unter Meßpunkt in Metern:			
				Pegel*)		
	mm	m³h	Pumpbrunnen	1	2	3

*) Beim Vorhandensein von Pegeln ist unter der Liste eine Lageskizze mit Abstandsangaben zu zeichnen. Außerdem sind alle Meßpunktsoberkanten bzw. Pegelnullpunkte auf ein Niveau bezogen sowie alle Pegelfiltereinbautiefen (von — bis m u. Gel.) anzugeben.

Die Leistung ist während des Pumpversuches zunächst als Wasserhöhe im Meßkasten anzugeben.

Aus den Pumpversuchswerten lassen sich die spezifischen Ergiebigkeiten errechnen. Die während des zu untersuchenden Beharrungszustandes gemessene Wassermenge wird durch die während des gleichen Beharrungszustandes erreichte Absenkung des Pumpbrunnenwasserspiegels geteilt. Die so ermittelten spezifischen Ergiebigkeiten werden für alle vergleichbaren Pumpversuche eines Objektes in einer Tabelle zusammengestellt. Folgender Listenkopf (3) wird empfohlen:

Bohrung Nr.	Spezifische Ergiebigkeit (l/s · m)	zugehörig zu einer Leistung von (l/s)

Unsichere Werte, die z. B. aus einem zu kurzen Beharrungszustand ermittelt wurden, sind in Klammern zu setzen.

Die Auswertung eines Dauerpumpversuches zur Bestimmung des Durchlässigkeitsbeiwertes erfolgt am zweckmäßigsten an Hand eines Profiles und einer Lageskizze, die neben den Filtereinbautiefen alle zur k_f-Wert-Berechnung benötigten Werte enthalten. Die Berechnung erfolgt nach dem Epsilon-Verfahren von G. THIEM.

6. Chemische Analyse

Die Wasserproben werden im Labor von einem Chemiker untersucht. Die Analysenergebnisse sind für ein Objekt geschlossen in einer Liste zusammenzustellen. Folgender Listenkopf (4) wird empfohlen:

Nr. laut Plan	Tiefe der Entnahme	Datum der Entnahme	Temperatur	p_H-Wert	Chlor	Sulfat	Eisen	Kalk-aggr. Kohlensäure	Gesamthärte	Karbonathärte
	(m)		(°C)		mg/l	mg/l	mg/l	mg/l	° dH	° dH

Die Werte über Härte und Temperatur sowie der p_H-Wert sind bis auf eine Stelle hinter dem Komma anzugeben. Die übrigen Mengenwerte, außer Eisen, können auf ganze Milligramm aufgerundet werden. Sonstige grob abgerundete Werte und vermutete Tiefenangaben sind in Klammern zu setzen. Spuren sollten durch „Sp.“ kenntlich gemacht werden. Sonderangaben werden unter der Tabelle vermerkt. Nicht ausgefüllte Spalten gelten als unbekannt.

Tabelle 2. Vereinfachte Darstellung bei Profilen

Grad der Durchlässigkeit	Zeichnerische Darstellung	Petrographische Bezeichnung oder Hauptbestandteile
1) durchlässig	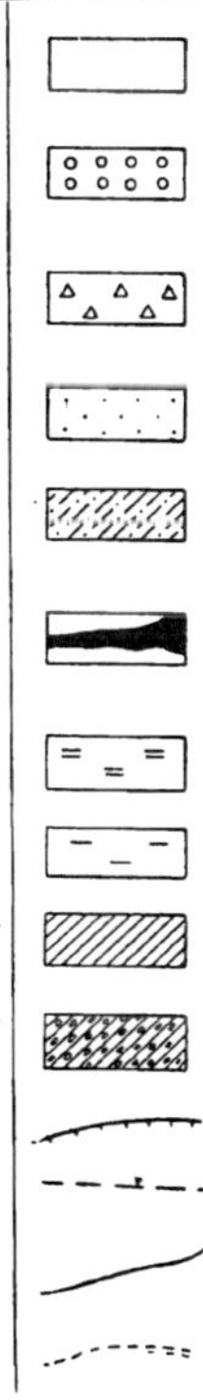	Mittelsand bis Kiesbildungen mit einem hohen Ungleichförmigkeitsgrad
2) durchlässig		Mittel- bis Grobsande mit einem niedrigen Ungleichförmigkeitsgrad
3) stark durchlässig		reine Kiesbildungen oder solche mit wenig wirksamen oder unwirksamen Sandgehalten
4) wenig durchlässig		durchlässige Lockergesteine mit mehr als 10% Feinsandgehalt
5) kaum durchlässig		Sand, zum Teil auch Kies, mit größerem Schluffgehalt (Übergangs- und Mischbildungen)
6) durchlässig bis kaum durchlässig		bedeutende Braunkohlenflöze (fremdartige, wenig mächtige Einschlüsse bleiben unberücksichtigt)
7) durchlässig bis kaum durchlässig		Torf
8) (nur als Beimengung)		humos
9) praktisch undurchlässig		hoher Schluff- und Tongehalt (Ton, Schluff, Mischbildungen, Mergel)
10) praktisch undurchlässig		Geschiebelehm oder -mergel
11)		Quartär-Tertiär-Grenze
12)		Grundwasserspiegel
13)		Abgrenzung der praktisch undurchlässigen Bildungen
14)		Abgrenzung innerhalb der verschiedenen durchlässigen Böden

7. Ergebnisbericht, Zuflußberechnung und Beratung

Folgende Gliederung erscheint zweckmäßig:

a) Vorbemerkung

Das Ziel der Untersuchungen und die vorhandenen bzw. benutzten Unterlagen sind bekanntzugeben. Außerdem sind der Gang der Untersuchungen und die Verantwortlichkeit aufzuzeigen.

b) Geologische Verhältnisse

Die Lagerungs- und Altersverhältnisse der Gesteine sind im Zusammenhang mit der Geomorphologie sowie der allgemeinen Petrographie zu schildern.

c) Allgemeine hydrogeologische Situation

Die Grundwasserlagerstätte (Grundwasserleiter und -stauer) ist zu beschreiben; eine gegenseitige Abschätzung der Grundwasserstockwerke oder der Teile eines Grundwasserleiters ist durchzuführen.

d) Einzugsgebiet, Grundwasserneubildung und -bewegung

Die oberirdische Vorflut ist zu beschreiben, daneben ist die Grundwasserbewegung an Hand des hydrogeologischen Planes zu erläutern; bedeutende Grundwasseraustritte sind mitzuteilen. Durch die Ermittlung der Größe des unterirdischen Einzugsgebietes (Vergleich mit dem oberirdischen Einzugsgebiet anstellen!) und des mittleren Jahresniederschlages (langjähriges Mittel) kann die Grundwasserneubildung an Hand von Versickerungsfaktoren überschlägig berechnet werden. Die Versickerungsfaktoren sind nach dem in Tabelle 3 wiedergegebenen Schema von SCHNEIDER sowie durch Zu- oder Abschläge zu ermitteln.

Tabelle 3

Bodenart	Versickerungsanteil des mittleren Jahresniederschlages
a) Reiner Sandboden:	
a_1) mit humoser Bodendecke	37,5%
b) Reiner lehmiger Sand:	
b_1) ohne humose Bodendecke	35%
b_2) mit humoser Bodendecke	17,5%
c) Reiner Löß:	
c_1) ohne humose Bodendecke	20%
c_2) mit humoser Bodendecke	10%
c_3) mit verlehmter humoser Bodendecke	5%

Diese aus Lysimeter-Messungen gewonnenen Werte gelten nur bei einer mittleren Jahresniederschlagshöhe von 750 mm und dürften bei vorsichtiger Anwendung zur überschlägigen Ermittlung von Versickerungsfaktoren durchaus brauchbar sein. Die Tabellenwerte sind bei weniger als 750 mm Jahresniederschlag und bei steilem Gelände entsprechend zu verringern.

Die so ermittelten Versickerungsmengen haben, strenggenommen, nur dann praktische Bedeutung, wenn sich die Untersuchung lediglich auf ein oberhalb der Hauptquellenlinie gelegenes Gebiet beschränkt. Dabei ist die mögliche Veränderung bei künstlicher Beeinflussung (Grundwassergewinnung) zu berücksichtigen. Abschließend muß betont werden, daß die Berechnung der natürlichen Grundwasseranreicherung bzw. des Grundwasserdargebotes an Hand von Versickerungsfaktoren oft nur für kleinere Teilgebiete erfolgreich angewandt werden kann und daß diese Methode gegenüber der im nächsten Abschnitt zu besprechenden Durchflußberechnung zweitrangige, aber kontrollierende Bedeutung besitzt.

e) Natürlicher Grundwasserdurchfluß

Die natürliche Grundwasserbewegung innerhalb der Grundwasserlagerstätte ist an Hand der Durchflußgleichung zu berechnen. Einzusetzen sind das auf der Berechnungslinie vorhandene Grundwassergefälle, die im gewählten Durchflußprofil vorhandene Durchflußbreite und mittlere Mächtigkeit des Grundwasserleiters sowie die auf der Berechnungslinie ermittelten k_f-Werte. Unter Umständen ist zu berücksichtigen, daß das Grundwassergefälle und die Durchflußhöhe bei veränderlicher Höhe des Grundwasserumsatzraumes schwanken können. Die natürliche Grundwasserbewegung innerhalb der Lagerstätte kann durch diese Berechnungen (meist Teilrechnungen) quantitativ erfaßt werden. Dieses Ergebnis gestattet neben den bereits bekannten Faktoren und der Kenntnis der chemischen Beschaffenheit des Grundwassers die endgültige Einschätzung der Grundwasserlagerstätte zwecks Auswahl der rationellsten Grundwassergewinnung.

f) Chemismus des Grundwassers

Die Analysenergebnisse sind mit dem Ziel einer hydrochemischen Einschätzung der Grundwasserlagerstätte vergleichend zu beschreiben. Wichtige Besonderheiten sind hervorzuheben. Vorauszusehende Veränderungen infolge künstlicher Eingriffe (spätere Gewinnung) sind bekanntzugeben.

g) Vorschläge zur Gewinnung des Grundwassers

Der günstigste Fassungsstandort ist zu empfehlen. An Hand der Beschaffenheit des Grundwasserleiters am vorgeschlagenen Gewinnungsort und bei Beachtung der Grundwasserbewegung sowie sonstigen Besonderheiten, die auch hydrochemischer Natur sein können, sind Hinweise für die konstruktive Ausbildung der Fassungsanlage zu geben. Eine Zufluß- und Absenkungsberechnung der vorgeschlagenen Fassung erscheint notwendig. Es ist unter Umständen besonders auf die Höhe des Grundwasserumsatzraumes hinzuweisen, wobei die langjährigen Schwankungen zu berücksichtigen sind.

h) Sonstige Empfehlungen

Die noch notwendigen Untersuchungen sind bekanntzugeben.

i) Anlagen

Neben den bereits genannten Anlagen (hydrogeologischer Plan, Profile, Pumpversuchslisten nach Listenkopf 2, spezifische Ergiebigkeiten nach Listenkopf 3, Auswertung von Dauerpumpversuchen zur Bestimmung des k_f-Wertes, chemische Analysenergebnisse nach Listenkopf 4) sollten außerdem alle Schichtenverzeichnisse mit Listenkopf 1 versehen und wie im ersten Teil des Beitrages (Heft 11, 1959) beschrieben sowie Korngrößensummenkurven beigegeben werden.

Absenkungs-Leistungs-Diagramme sind nur bei mindestens zwei Beharrungszuständen zu zeichnen.

Die Durchlässigkeitsbeiwerte sollten tabellarisch nach folgendem Listenkopf (5) zur Aufführung gelangen:

Bohrung Nr.	Probenentnahme von bis (m u. Gel.)	Ungleichförmigkeitsgrad d60 / d10	Durchlässigkeitsbeiwert k_f (m/s)

Mittelwertbildungen sind in Klammern zu setzen. Die bei der k_f-Wertbestimmung angewandten Verfahren sind eindeutig anzugeben.

Außerdem ist in Verbindung mit dem hydrogeologischen Plan eine Pegelliste aufzustellen, für die der nachfolgende Listenkopf (6) empfohlen wird:

Beobachtungsstelle Nr.	Rohroberkante oder Pegelnullpunkt (m NN)	Filtereinbautiefe (m. u. Gel.)	Wasserspiegel (m NN) am:

Neben der in Spalte 1 einzutragenden Numerierung laut hydrogeologischem Plan sind die Wirtschafts- oder Betriebsbrunnen durch ein vorzusetzendes B (Bohrbrunnen) oder K (Kessel- bzw. Schachtbrunnen), Grundwasserpegel durch P, Oberflächenwasserpegel durch OP und Feuerlöschbrunnen durch F zu kennzeichnen. Vermutete Filtereinbautiefen sind in Klammern zu setzen.

8. Endbemerkungen

Im Interesse einer allseitigen und schnell durchführbaren Kontrolle der Ergebnisse oder einer andersgearteten Auswertung von Teilergebnissen ist es unbedingt notwendig, gerade die unter (7, i) genannten Anlagen zum Ergebnisbericht so ausführlich bekanntzugeben.

Außerdem muß bemerkt werden, daß weitere Ergebnisauswertungen und -darstellungen nur dann nützlich sind und durchgeführt werden sollten, wenn durch sie kein abgeflachtes Bild erzeugt wird. Auch bei oberflächlicher Einsichtnahme darf der Betrachter keineswegs zu falschen Vorstellungen oder Schlußfolgerungen gelangen. So geben z. B. Säulenprofilkarten ein extrem vereinfachtes Bild ab, das oft zu falschen Vorstellungen führen wird. Ähnlich verhält es sich mit vielen Darstellungen der Grundwasserergiebigkeit und des Grundwasserchemismus. Die vorsichtigste und den Betrachter am wenigsten beeinflussende Methode einer kartographischen Darstellung derartiger Faktoren ist deren punktförmige Bekanntgabe in Form von Zahlenwerten.

In der Einleitung zu den Grundsätzen wurde unter Punkt 1 u. a. bereits darauf hingewiesen, daß nur solche Arbeitsmethoden aufgeführt werden, die sich in der Praxis bewährt haben und oft Anwendung fanden. An dieser Stelle muß zusätzlich betont werden, daß verschiedene dieser Methoden in bestimmten Bereichen höhere Ungenauigkeitsgrade besitzen können. Diese Bereiche müssen genauestens beachtet und ihre Grenzen möglichst scharf gezogen werden. In diesem Zusammenhang ist zu erwähnen, daß durch Geländeversuche zur Bestimmung des Durchlässigkeitsbeiwertes k_f (nach dem Epsilon-Verfahren nach THIEM und sonstigen Pumpversuchen mit Pegelbeobachtungen) in ungleichförmig gelagerten Kiesen und bei intensiver Wechsellagerung von Sand- und Kiesschichten (besonders Kieslagen in einem einheitlich reagierenden Sandkörper) oft ungenaue Werte gewonnen werden. Diese Möglichkeiten sind in jedem Fall in Erwägung zu ziehen.

Die in Abschnitt (7, d) genannte Methode zur Ermittlung von Versickerungsfaktoren ist keineswegs als vollwertig zu betrachten, und streng genommen, nur für Gebiete oberhalb der Hauptquellenlinie zu verwenden. Sie ist keinesfalls den Methoden gleichzusetzen, die zur Erlangung der Abflußspende von bestimmten oberirdischen Abflußwerten ausgehen.

Der Haselbacher Ton des Weißelster-Beckens

Geologische Stellung und wirtschaftliche Bedeutung im Abraum des Braunkohlenbergbaues

RUDOLF HOHL, Freiberg/Sa.

1. Einleitung

In Heft 4/1958, S. 152—155, dieser Zeitschrift hat E. VON HOYNINGEN-HUENE einige „Gedanken über die Nutzung von Rohstoffvorkommen im Deckgebirge der Braunkohle" dargelegt und eine Reihe berechtigter Forderungen erhoben:

1. eine einwandfreie und umfassende geologische Dokumentation bei der Erkundung von Braunkohlenlagerstätten, auch bezüglich nutzbarer Rohstoffe in der Decke, in den Mitteln und im Liegenden der Braunkohlenflöze,
2. die Prüfung eines möglichen Abbaues solcher komplexer Lagerstätten seitens der Bergbautechnik und
3. die Entscheidung der Perspektivplanung über Wert und Umfang der anfallenden Rohstoffe betr. die Wirtschaftlichkeit einer Gewinnung.

Es sei gleich eingangs darauf hingewiesen, daß durchaus nicht in sämtlichen Braunkohlentagebaubetrieben alle Rohstoffe außer der Braunkohle selbst verkippt wurden. So ist z. B. bereits seit Jahrzehnten im Zeitzer Revier, freilich im Liegenden der Braunkohlenflöze, der hochwertige „Luckenauer Ton" mit abgebaut worden.

Eine besondere Rolle hat in diesem Zusammenhang der „Haselbacher Ton" des Weißelster-Beckens gespielt, um dessen weitgehende Mitgewinnung seitens der Tagebaubetriebe sich der Verfasser seit Jahren bemüht hat. Da dieser wertvolle Ton mit hohem Al_2O_3-Gehalt beim fortschreitenden Abbau der Braunkohle verlorengeht, sind mit der endgültigen Auskohlung des Reviers auch die von der keramischen und chemischen Industrie benötigten Tone im wesentlichen vernichtet. In letzter Zeit ist es in Zusammenarbeit zwischen dem Ministerium für Bauindustrie und dem seinerzeitigen Ministerium für Kohle und Energie — HV Braunkohle — gelungen, dahingehende Vereinbarungen zu treffen, daß in neuen Tagebauen auch die anfallenden Tone soweit wie möglich gewonnen und der Industrie zur Verfügung gestellt werden (HOHL 1958, S. 32). Dazu wurde das Vorfeld Haselbach bezüglich Tonführung und Tonqualitäten seitens des Geologischen Dienstes Freiberg genauer abgebohrt, eine Aufgabe, die künftig in neu zu erforschenden Gebieten aus ökonomischen Erwägungen und zur Vermeidung von Doppelarbeit bereits zusammen mit der Flözerkundung vorgenommen werden müßte. Dieselben Probleme stehen gegenwärtig im Raum Bitterfeld zur Diskussion, wo der vorhandene Ton die Grundlage einer umfangreichen Steinzeugproduktion bildet (POMPER 1957, S. 323).

Bereits vor Jahren wurde, damals freilich vergeblich, in ähnlicher Weise versucht, am Bahnhof Rötha

(Kreis Borna) im Bereich des Großtagebaues Espenhain den dort am Schlösser-Berg anstehenden wertvollen Formsand vor dem Verkippen zu bewahren. Neuerdings wurde erreicht, daß als Betonzuschlagstoffe geeignete Sande und Kiese in der Umgebung von Leipzig teilweise ausgehalten werden und das Vorfeld des Neuaufschlusses Borna-Ost speziell auf solche Rohstoffe erkundet wurde, zumal entgegen einer weitverbreiteten Meinung erstklassige Betonzuschlagstoffe nicht in beliebiger Menge und nicht überall im Flachland vorkommen. Daher muß dieser Frage auch zukünftig besondere Aufmerksamkeit geschenkt werden.

J. SCHNEIDER (1958) hat kürzlich in der „Wirtschaft" mit Bezug auf die Haselbacher Tone gefordert, daß diesem Beispiel weitere folgen sollten, z. B. in der Lausitz, wohin sich durch die langsame Auskohlung der Halle-Leipzig-Bitterfelder Reviere künftig der Braunkohlenbergbau immer mehr verlagert und wo zur Zeit umfangreiche Erkundungen und Abbohrungen vorgenommen werden (MEHNER 1957). Dabei sollen die technischen und organisatorischen Probleme, die der Mitgewinnung solcher Rohstoffe in den Tagebaubetrieben zunächst entgegenstehen, durchaus nicht verkannt oder bagatellisiert werden. Die Abraumschnitte der Braunkohlentagebaue liegen selten so, daß ein Abbau von Rohstoffen in der Decke ohne weiteres möglich wäre. Dazu kommt gerade beim Haselbacher Ton eine oft wellige, unregelmäßige Lagerung. Die Betriebe haben als Kohlengewinnungsstätten im Rahmen des Energieprogrammes ein hohes Plansoll an Braunkohle zu erbringen, das einen schnellen Vortrieb im Abraum fordert. Ein gesondertes Aushalten von Rohstoffen behindert in jedem Falle mehr oder weniger den Kampf um den Vorlauf im Abraum. Aber trotzdem muß ein tragbarer Weg gefunden werden. Gerade der Haselbacher Ton ist im Weißelster-Becken weit weniger verbreitet als die Braunkohle selbst und ein hochbezahlter, vielseitig verwendbarer Rohstoff. Sicher ist es schwierig, in älteren Tagebauen jetzt noch eine gesonderte Tongewinnung zusätzlich durchzuführen. Daher scheint dies in neu aufzuschließenden Gewinnungsstätten um so notwendiger. Es müßte noch geprüft werden, ob es nicht doch möglich ist, zumindest zeitweise, auch im Großtagebau Schleenhain den Haselbacher Ton mitzugewinnen.

Als charakteristisches Beispiel einer langen Entwicklung bis zum gemeinsamen Abbau von Braunkohle und Ton soll der Haselbacher Ton von der geologisch-ökonomischen Seite her näher beschrieben werden.

2. Geschichtliche Entwicklung der Tongewinnung

Seit Jahrzehnten wird der Haselbacher Ton dort, wo er in größerer Mächtigkeit und in guten Qualitäten in geringer Tiefe ansteht, in kleinen Gruben gewonnen und zu verschiedenen Tonwaren verarbeitet. Solche Abbaustätten befanden sich früher bei Rositz-Fichtenhainichen und bis in die jüngste Zeit in Haselbach, nordöstlich des Kammerforstes (Abb. 1), wo der Rohstoff vom „VEB Tonwerke Haselbach" und vom „VEB Plottendorfer Werke, Steinzeug- und Schamottewarenfabrik in Plottendorf", unweit Haselbach, abgebaut wird. Mehrere kleine Gruben weisen auf die im einzelnen wechselnde Beschaffenheit des Tones hin. Immer dann, wenn man auf stärker sandige Partien oder auf größere Sandeinlagerungen im Ton stieß, wurde der Abbau eingestellt. In Zusammenhang mit der Projektierung des Braunkohlentagebaues Haselbach sollten die beiden inmitten des Grubenfeldes gelegenen Tongruben des Haselbacher bzw. Plottendorfer Werkes verschwinden, so daß sich die Frage ergab, wie die Rohstoffbasis beider Werke in der Zukunft gesichert werden könnte.

Bereits in den Jahren zuvor trat im Rahmen unserer Planwirtschaft die Frage nach der Bereitstellung erhöhter Mengen von Tonen für die feuerfeste und die chemische Industrie auf. So wurden seitens der chemischen Industrie Großvorkommen möglichst einheitlicher Tone mit hohem Al_2O_3-Gehalt zur Darstellung von Tonerde aus Ton gefordert. Aus diesem Grunde wurden vom Geologischen Dienst der StGK ab 1951 u. a. umfangreiche Untersuchungsarbeiten bei Brandis (Kreis Wurzen) vorgenommen. Das Brandiser Vorkommen gehört zu den jüngeren, altersmäßig dem Oberoligozän bzw. Unterem Miozän zuzurechnenden randlichen Einzelbecken der nordwestsächsischen Braunkohlenformation. Auch bei Lübschütz, Zeititz (Abb. 1) und an den anderen Stellen wurden Tonvorkommen ähnlicher geologischer Stellung abgebohrt und Vorräte übergeben. Bei der Erkundung dieser kleinen Randvorkommen reifte die Erkenntnis, daß bauwürdige Tonlager in enger Verbindung mit ebenfalls bauwürdigen Braunkohlenlagern auftreten. Bei dem älteren Weißelster-Becken konnte dies damals noch nicht berücksichtigt werden. Außer dem größeren Vorkommen von Brandis waren die vorhandenen Lager von geringer Größe. Daher mußte anderswo nach weiter ausgedehnten Lagerstätten gesucht werden. Als größtes Vorkommen bot sich der „Haselbacher Ton" in der älteren, jetzt zum Obereozän gerechneten Braunkohlenformation (W. KRUTZSCH & D. LOTSCH 1957) des Weißelster-Beckens an, zumal aus älteren und jüngeren Braunkohlenbohrungen eine zum Teil erhebliche Mächtigkeit des Tones bei guter Qualität nachgewiesen schien.

Zunächst kamen für Untersuchungsarbeiten jene Gebiete in Frage, die keine bauwürdigen Braunkohlenflöze aufwiesen und bauwürdige Tonlager mit technologisch günstigen Eigenschaften zu bergen schienen. Bei mehreren Analysen von Bohr- und Aufschlußproben im Forschungslaboratorium „Anorganische Chemie" des VEB Elektrochemisches Kombinat Bitterfeld (Dr. HOLST) ergab sich, daß sich der Haselbacher Ton durch recht gute Al_2O_3-Gehalte auszeichnet.

Als Untersuchungsraum kam zunächst der zwischen den Tagebauen Phönix und Ruppersdorf im Westen sowie dem Großtagebau Schleenhain im Osten gelegene Raum zwischen den Dörfern Wildenhain und Hagenest in Betracht (Abb. 1), der für die Kohlegewinnung wegen zu geringer Flözmächtigkeit ausschied. Schichtenverzeichnisse von Kohlebohrungen ließen erkennen, daß unter einer nur rund 3—8 m mächtigen Sand- und Lehmdecke der Haselbacher Komplex mit etwa 6 bis rund 16 m Mächtigkeit des Tones zu erwarten stand. Da sich im Verlaufe einer Abbohrung im Jahre 1954 herausstellte, daß in vollem Widerspruch zu den alten Schichtenverzeichnissen bauwürdige, fette Tone in dem beschriebenen Raum nur randlich und in kleinen Mengen vorhanden waren, mußte die Erkundung vorzeitig abgebrochen werden. Bauwürdiger Fett-Ton tritt im wesentlichen auch im Weißelster-Becken nur dort auf, wo auch bauwürdige Braunkohlenflöze lagern. Wo diese ausgehen, ist der

Artikel ohne Verfasserangabe

Geologie, Paläontologie

Mineralogie, Petrographie, Geochemie, Lagerstättenkunde, Bergbau

Geophysik

Ingenieurgeologie, Hydrogeologie, Bodengeologie

Methodik der Erkundung

Vorratsberechnung

Technisches

Wirtschaftliches

Außerdem ist in Verbindung mit dem hydrogeologischen Plan eine Pegelliste aufzustellen, für die der nachfolgende Listenkopf (6) empfohlen wird:

Beobachtungsstelle Nr.	Rohroberkante oder Pegelnullpunkt (m NN)	Filtereinbautiefe (m. u. Gel.)	Wasserspiegel (m NN) am:

Neben der in Spalte 1 einzutragenden Numerierung laut hydrogeologischem Plan sind die Wirtschafts- oder Betriebsbrunnen durch ein vorzusetzendes B (Bohrbrunnen) oder K (Kessel- bzw. Schachtbrunnen), Grundwasserpegel durch P, Oberflächenwasserpegel durch OP und Feuerlöschbrunnen durch F zu kennzeichnen. Vermutete Filtereinbautiefen sind in Klammern zu setzen.

8. Endbemerkungen

Im Interesse einer allseitigen und schnell durchführbaren Kontrolle der Ergebnisse oder einer andersgearteten Auswertung von Teilergebnissen ist es unbedingt notwendig, gerade die unter (7, i) genannten Anlagen zum Ergebnisbericht so ausführlich bekanntzugeben.

Außerdem muß bemerkt werden, daß weitere Ergebnisauswertungen und -darstellungen nur dann nützlich sind und durchgeführt werden sollten, wenn durch sie kein abgeflachtes Bild erzeugt wird. Auch bei oberflächlicher Einsichtnahme darf der Betrachter keineswegs zu falschen Vorstellungen oder Schlußfolgerungen gelangen. So geben z. B. Säulenprofilkarten ein extrem vereinfachtes Bild ab, das oft zu falschen Vorstellungen führen wird. Ähnlich verhält es sich mit vielen Darstellungen der Grundwasserergiebigkeit und des Grundwasserchemismus. Die vorsichtigste und den Betrachter am wenigsten beeinflussende Methode einer kartographischen Darstellung derartiger Faktoren ist deren punktförmige Bekanntgabe in Form von Zahlenwerten.

In der Einleitung zu den Grundsätzen wurde unter Punkt 1 u. a. bereits darauf hingewiesen, daß nur solche Arbeitsmethoden aufgeführt werden, die sich in der Praxis bewährt haben und oft Anwendung fanden. An dieser Stelle muß zusätzlich betont werden, daß verschiedene dieser Methoden in bestimmten Bereichen höhere Ungenauigkeitsgrade besitzen können. Diese Bereiche müssen genauestens beachtet und ihre Grenzen möglichst scharf gezogen werden. In diesem Zusammenhang ist zu erwähnen, daß durch Geländeversuche zur Bestimmung des Durchlässigkeitsbeiwertes k_f (nach dem Epsilon-Verfahren nach THIEM und sonstigen Pumpversuchen mit Pegelbeobachtungen) in ungleichförmig gelagerten Kiesen und bei intensiver Wechsellagerung von Sand- und Kiesschichten (besonders Kieslagen in einem einheitlich reagierenden Sandkörper) oft ungenaue Werte gewonnen werden. Diese Möglichkeiten sind in jedem Fall in Erwägung zu ziehen.

Die in Abschnitt (7, d) genannte Methode zur Ermittlung von Versickerungsfaktoren ist keineswegs als vollwertig zu betrachten, und streng genommen, nur für Gebiete oberhalb der Hauptquellenlinie zu verwenden. Sie ist keinesfalls den Methoden gleichzusetzen, die zur Erlangung der Abflußspende von bestimmten oberirdischen Abflußwerten ausgehen.

Der Haselbacher Ton des Weißelster-Beckens

Geologische Stellung und wirtschaftliche Bedeutung im Abraum des Braunkohlenbergbaues

RUDOLF HOHL, Freiberg/Sa.

1. Einleitung

In Heft 4/1958, S. 152—155, dieser Zeitschrift hat E. VON HOYNINGEN-HUENE einige „Gedanken über die Nutzung von Rohstoffvorkommen im Deckgebirge der Braunkohle" dargelegt und eine Reihe berechtigter Forderungen erhoben:

1. eine einwandfreie und umfassende geologische Dokumentation bei der Erkundung von Braunkohlenlagerstätten, auch bezüglich nutzbarer Rohstoffe in der Decke, in den Mitteln und im Liegenden der Braunkohlenflöze,
2. die Prüfung eines möglichen Abbaues solcher komplexer Lagerstätten seitens der Bergbautechnik und
3. die Entscheidung der Perspektivplanung über Wert und Umfang der anfallenden Rohstoffe betr. die Wirtschaftlichkeit einer Gewinnung.

Es sei gleich eingangs darauf hingewiesen, daß durchaus nicht in sämtlichen Braunkohlentagebaubetrieben alle Rohstoffe außer der Braunkohle selbst verkippt wurden. So ist z. B. bereits seit Jahrzehnten im Zeitzer Revier, freilich im Liegenden der Braunkohlenflöze, der hochwertige „Luckenauer Ton" mit abgebaut worden.

Eine besondere Rolle hat in diesem Zusammenhang der „Haselbacher Ton" des Weißelster-Beckens gespielt, um dessen weitgehende Mitgewinnung seitens der Tagebaubetriebe sich der Verfasser seit Jahren bemüht hat. Da dieser wertvolle Ton mit hohem Al_2O_3-Gehalt beim fortschreitenden Abbau der Braunkohle verlorengeht, sind mit der endgültigen Auskohlung des Reviers auch die von der keramischen und chemischen Industrie benötigten Tone im wesentlichen vernichtet. In letzter Zeit ist es in Zusammenarbeit zwischen dem Ministerium für Bauindustrie und dem seinerzeitigen Ministerium für Kohle und Energie — HV Braunkohle — gelungen, dahingehende Vereinbarungen zu treffen, daß in neuen Tagebauen auch die anfallenden Tone soweit wie möglich gewonnen und der Industrie zur Verfügung gestellt werden (HOHL 1958, S. 32). Dazu wurde das Vorfeld Haselbach bezüglich Tonführung und Tonqualitäten seitens des Geologischen Dienstes Freiberg genauer abgebohrt, eine Aufgabe, die künftig in neu zu erforschenden Gebieten aus ökonomischen Erwägungen und zur Vermeidung von Doppelarbeit bereits zusammen mit der Flözerkundung vorgenommen werden müßte. Dieselben Probleme stehen gegenwärtig im Raum Bitterfeld zur Diskussion, wo der vorhandene Ton die Grundlage einer umfangreichen Steinzeugproduktion bildet (POMPER 1957, S. 323).

Bereits vor Jahren wurde, damals freilich vergeblich, in ähnlicher Weise versucht, am Bahnhof Rötha

(Kreis Borna) im Bereich des Großtagebaues Espenhain den dort am Schlösser-Berg anstehenden wertvollen Formsand vor dem Verkippen zu bewahren. Neuerdings wurde erreicht, daß als Betonzuschlagstoffe geeignete Sande und Kiese in der Umgebung von Leipzig teilweise ausgehalten werden und das Vorfeld des Neuaufschlusses Borna-Ost speziell auf solche Rohstoffe erkundet wurde, zumal entgegen einer weitverbreiteten Meinung erstklassige Betonzuschlagstoffe nicht in beliebiger Menge und nicht überall im Flachland vorkommen. Daher muß dieser Frage auch zukünftig besondere Aufmerksamkeit geschenkt werden.

J. SCHNEIDER (1958) hat kürzlich in der „Wirtschaft" mit Bezug auf die Haselbacher Tone gefordert, daß diesem Beispiel weitere folgen sollten, z. B. in der Lausitz, wohin sich durch die langsame Auskohlung der Halle-Leipzig-Bitterfelder Reviere künftig der Braunkohlenbergbau immer mehr verlagert und wo zur Zeit umfangreiche Erkundungen und Abbohrungen vorgenommen werden (MEHNER 1957). Dabei sollen die technischen und organisatorischen Probleme, die der Mitgewinnung solcher Rohstoffe in den Tagebaubetrieben zunächst entgegenstehen, durchaus nicht verkannt oder bagatellisiert werden. Die Abraumschnitte der Braunkohlentagebaue liegen selten so, daß ein Abbau von Rohstoffen in der Decke ohne weiteres möglich wäre. Dazu kommt gerade beim Haselbacher Ton eine oft wellige, unregelmäßige Lagerung. Die Betriebe haben als Kohlengewinnungsstätten im Rahmen des Energieprogrammes ein hohes Plansoll an Braunkohle zu erbringen, das einen schnellen Vortrieb im Abraum fordert. Ein gesondertes Aushalten von Rohstoffen behindert in jedem Falle mehr oder weniger den Kampf um den Vorlauf im Abraum. Aber trotzdem muß ein tragbarer Weg gefunden werden. Gerade der Haselbacher Ton ist im Weißelster-Becken weit weniger verbreitet als die Braunkohle selbst und ein hochbezahlter, vielseitig verwendbarer Rohstoff. Sicher ist es schwierig, in älteren Tagebauen jetzt noch eine gesonderte Tongewinnung zusätzlich durchzuführen. Daher scheint dies in neu aufzuschließenden Gewinnungsstätten um so notwendiger. Es müßte noch geprüft werden, ob es nicht doch möglich ist, zumindest zeitweise, auch im Großtagebau Schleenhain den Haselbacher Ton mitzugewinnen.

Als charakteristisches Beispiel einer langen Entwicklung bis zum gemeinsamen Abbau von Braunkohle und Ton soll der Haselbacher Ton von der geologisch-ökonomischen Seite her näher beschrieben werden.

2. Geschichtliche Entwicklung der Tongewinnung

Seit Jahrzehnten wird der Haselbacher Ton dort, wo er in größerer Mächtigkeit und in guten Qualitäten in geringer Tiefe ansteht, in kleinen Gruben gewonnen und zu verschiedenen Tonwaren verarbeitet. Solche Abbaustätten befanden sich früher bei Rositz-Fichtenhainichen und bis in die jüngste Zeit in Haselbach, nordöstlich des Kammerforstes (Abb. 1), wo der Rohstoff vom „VEB Tonwerke Haselbach" und vom „VEB Plottendorfer Werke, Steinzeug- und Schamottewarenfabrik in Plottendorf", unweit Haselbach, abgebaut wird. Mehrere kleine Gruben weisen auf die im einzelnen wechselnde Beschaffenheit des Tones hin. Immer dann, wenn man auf stärker sandige Partien oder auf größere Sandeinlagerungen im Ton stieß, wurde der Abbau eingestellt. In Zusammenhang mit der Projektierung des Braunkohlentagebaues Haselbach sollten die beiden inmitten des Grubenfeldes gelegenen Tongruben des Haselbacher bzw. Plottendorfer Werkes verschwinden, so daß sich die Frage ergab, wie die Rohstoffbasis beider Werke in der Zukunft gesichert werden könnte.

Bereits in den Jahren zuvor trat im Rahmen unserer Planwirtschaft die Frage nach der Bereitstellung erhöhter Mengen von Tonen für die feuerfeste und die chemische Industrie auf. So wurden seitens der chemischen Industrie Großvorkommen möglichst einheitlicher Tone mit hohem Al_2O_3-Gehalt zur Darstellung von Tonerde aus Ton gefordert. Aus diesem Grunde wurden vom Geologischen Dienst der StGK ab 1951 u. a. umfangreiche Untersuchungsarbeiten bei Brandis (Kreis Wurzen) vorgenommen. Das Brandiser Vorkommen gehört zu den jüngeren, altersmäßig dem Oberoligozän bzw. Unterem Miozän zuzurechnenden randlichen Einzelbecken der nordwestsächsischen Braunkohlenformation. Auch bei Lübschütz, Zeititz (Abb. 1) und an den anderen Stellen wurden Tonvorkommen ähnlicher geologischer Stellung abgebohrt und Vorräte übergeben. Bei der Erkundung dieser kleinen Randvorkommen reifte die Erkenntnis, daß bauwürdige Tonlager in enger Verbindung mit ebenfalls bauwürdigen Braunkohlenlagern auftreten. Bei dem älteren Weißelster-Becken konnte dies damals noch nicht berücksichtigt werden. Außer dem größeren Vorkommen von Brandis waren die vorhandenen Lager von geringer Größe. Daher mußte anderswo nach weiter ausgedehnten Lagerstätten gesucht werden. Als größtes Vorkommen bot sich der „Haselbacher Ton" in der älteren, jetzt zum Obereozän gerechneten Braunkohlenformation (W. KRUTZSCH & D. LOTSCH 1957) des Weißelster-Beckens an, zumal aus älteren und jüngeren Braunkohlenbohrungen eine zum Teil erhebliche Mächtigkeit des Tones bei guter Qualität nachgewiesen schien.

Zunächst kamen für Untersuchungsarbeiten jene Gebiete in Frage, die keine bauwürdigen Braunkohlenflöze aufwiesen und bauwürdige Tonlager mit technologisch günstigen Eigenschaften zu bergen schienen. Bei mehreren Analysen von Bohr- und Aufschlußproben im Forschungslaboratorium „Anorganische Chemie" des VEB Elektrochemisches Kombinat Bitterfeld (Dr. HOLST) ergab sich, daß sich der Haselbacher Ton durch recht gute Al_2O_3-Gehalte auszeichnet.

Als Untersuchungsraum kam zunächst der zwischen den Tagebauen Phönix und Ruppersdorf im Westen sowie dem Großtagebau Schleenhain im Osten gelegene Raum zwischen den Dörfern Wildenhain und Hagenest in Betracht (Abb. 1), der für die Kohlegewinnung wegen zu geringer Flözmächtigkeit ausschied. Schichtenverzeichnisse von Kohlebohrungen ließen erkennen, daß unter einer nur rund 3—8 m mächtigen Sand- und Lehmdecke der Haselbacher Komplex mit etwa 6 bis rund 16 m Mächtigkeit des Tones zu erwarten stand. Da sich im Verlaufe einer Abbohrung im Jahre 1954 herausstellte, daß in vollem Widerspruch zu den alten Schichtenverzeichnissen bauwürdige, fette Tone in dem beschriebenen Raum nur randlich und in kleinen Mengen vorhanden waren, mußte die Erkundung vorzeitig abgebrochen werden. Bauwürdiger Fett-Ton tritt im wesentlichen auch im Weißelster-Becken nur dort auf, wo auch bauwürdige Braunkohlenflöze lagern. Wo diese ausgehen, ist der

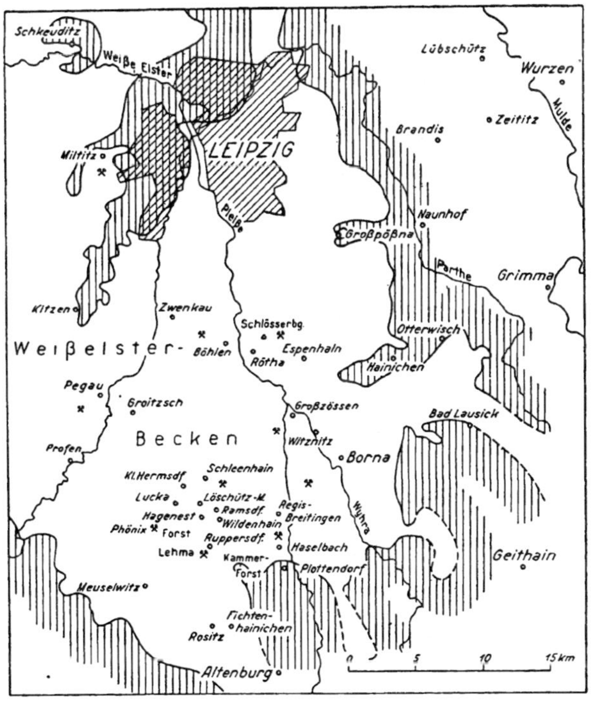

Abb. 1. Übersichtsskizze des Untersuchungsgebietes (Senkrechte Reißung: Grenze des Weißelster-Beckens)

Ton fast durchweg unrein, stärker sandig oder enthält Sandmittel, die freilich auch im Hauptverbreitungsgebiet der Kohle bzw. des Tones durchaus nicht fehlen. Damit war klar, daß künftig der benötigte Ton nur in engem Zusammenhang mit der Braunkohle selbst gewonnen werden konnte. Besondere Untersuchungen erschienen auch im Hauptfeld der Kohle- und Tonverbreitung nötig, weil genauere Überprüfungen einen stärkeren Wechsel der örtlichen Lagerungs- und Faziesverhältnisse erkennen ließen und die gestoßenen Braunkohlebohrungen zur speziellen Beurteilung von Tonlagerstätten nicht ausreichten. Hier machte sich nachteilig bemerkbar, daß bei diesen Abbohrungen eine Bearbeitung von Bohrproben an Ort und Stelle seitens eines erfahrenen Geologen nicht erfolgt war. Aber nicht nur eine genaue Aufnahme der Bohrproben durch den Geologen ist notwendig, sondern ebenso sorgfältige Arbeit seitens des Bohrmeisters. Geringmächtige Einlagerungen, Änderungen im Farbwechsel des Bohrgutes oder in seiner Zusammensetzung müssen beobachtet werden. Um Nachfall auszuschließen, sind die Bohrlöcher auch im standfesten Gebirge zu verrohren. Die Rohre müssen beim Bohrvorgang mitgenommen und es darf niemals „frei" gebohrt werden. Noch so exakte Aufnahmen der abgelegten Bohrproben durch einen Geologen nützen bei Schappebohrungen dann nichts, wenn die Probenahme unsauber und oberflächlich erfolgt. Daher können selbst von Geologen bearbeitete Bohrungen nicht ohne weiteres zur Bewertung von Tonlagerstätten herangezogen werden, um wieviel weniger aber dann Bohrmeisterangaben, in denen oft außerdem die Schichtenansprache ungenau ist. Nur Kernbohrungen oder zumindest solche mit Kernschappe geben wohl ein getreues Abbild der wirklichen Ausbildungsverhältnisse.

Daß die Gefahr ähnlicher Fehlschlüsse auch bei Wasserbohrungen besteht, hat der Verfasser kürzlich hervorgehoben (HOHL 1958, S. 354). Alle Bohrungen sollten darum, unabhängig von ihrem speziellen Zweck, so dokumentiert werden, daß eine wissenschaftlich einwandfreie Bearbeitung auch die Verwendung und Verwertung für andere Aufgaben zuläßt.

Nach längeren Vorarbeiten wurde eine weitere Abbohrung im Vorfelde des Schleenhainer Tagebaus im Jahre 1957 durchgeführt, wobei versucht wurde, zur gleichen Zeit in diesem Raume laufende Braunkohlenbohrungen mit zu verwerten und die dabei eingesetzten Bohrmeister zu einer sauberen und einwandfreien Probenahme zu veranlassen. Zahlreiche Bohrtabellen und Schnitte, die von Dipl.-Ing. GUSTAV MEYER vom VEB Projektierungs- und Konstruktionsbüro „Kohle", Außenstelle Mitteldeutschland in Leipzig, dem Verfasser in dankenswerter Weise zugänglich gemacht wurden, ließen ein tonhöffiges Feld im Gebiet um das Dorf Schleenhain erkennen. Dieses sollte bezüglich Verbreitung, Ausbildung und Nutzungsmöglichkeit des Haselbacher Tones erkundet werden.

a) Bohrloch Nr. 17/54 Flur Hagenest (Kreis Borna) (Abb. 2) — Höhenlage + 166,3 m

0,00 bis	0,30 m	0,30 m	Mutterboden	Pleistozän
0,30 bis	2,20 m	1,90 m	Lößlehm und Geschiebelehm, sandig	
2,20 bis	2,60 m	0,40 m	Sand, gelbbraun, kiesig, lehmig	
2,60 bis	4,60 m	2,00 m	Schluff, grau, tonig, mit einzelnen Geröllen	
4,60 bis	4,80 m	0,20 m	Ton und Schluff, hellgrau, feinsandig, mit Geröllen	
4,80 bis	5,70 m	0,90 m	Kiessand, gelbbraun mit Tonflatschen	
5,70 bis	7,10 m	1,40 m	Sand, graubraun, fein bis mittel, schwach tonig	Oberes Eozän (Haselbacher Serie)
7,10 bis	8,90 m	1,80 m	Ton, blaugrau, fett bis schwach schluffig	
8,90 bis	9,60 m	0,70 m	Ton, dunkelgrau, fett, mit einzelnen Kohleblüten	
9,60 bis	11,20 m	1,60 m	Ton, graubraun, fett, schwach kohlig und mit einzelnen Kohleblüten	
11,20 bis	12,40 m	1,20 m	Ton, gelbgrau, schluffig, z. T. fett, mit einzelnen Kohleblüten	
12,40 bis	13,80 m	1,40 m	Ton, grau bis dunkelgrau, fett	
13,80 bis	14,20 m	0,40 m	Kohleton, schwarzbraun, fett	
folgt			Braunkohle, mit einzelnen Tonflatschen	Hauptflöz

Abb. 2. West-Ost-Schnitt durch das Bohrfeld Wildenhain-Hagenest (Kreis Borna) 1954

Holozän: 1 — Schluffige Massen in Geländesenken und kleinen Tälern
Pleistozän: 2 — Lößlehm, z. T. kiesig, 3 — Geschiebelehm, meist sandig, z. T. mit aufgearbeitetem tertiärem Untergrund (Grundmoräne der Rißeiszeit), 4 — Sande und Kiese, z. T. mit einzelnen Feinsand- und Schlufflagen (Geschiebesande und Flußschotter), 5 — Beckenton, schluffig bis feinsandig, kalkhaltig
Obereozän: 6 — Haselbacher Ton, vorwiegend fett bis wenig schluffig, auch fett mit gröberen Sandkörnern, Schluff- oder Feinsandnestern, 8 — kohliger Ton, fett oder seltener feinsandig, bis tonige Braunkohle, 9 — Braunkohle (Hauptflöz des Weißelster-Beckens), 10 — Sand, meist fein bis sehr fein, vielfach tonig, auch Schluff, bisweilen feinsandig oder tonig, 11 — Sand, mittel bis grob, gelegentlich tonig

Vereinfachte Tabelle der Ablagerungen des Weißelster-Beckens (ohne Quartär)

MITTEL-OLIGOZÄN		Mariner Sand und Schluff
OBEREOZÄN	Oberflöz	Oberflöz („Böhlener Oberflöz", Flöz IV), ursprünglich am weitesten verbreitet, im Süden meist erodiert; im Norden 8 bis 10, z. T. 12 bis 14 m mächtig (Raum Böhlen-Rötha), nördlich und nordöstlich von Leipzig ausgehend
	Mittel	Mächtige, scharfe, gröbere bis feine Sande, wasserführend, 5 bis 7 m, z. T. 14 m mächtig, daneben oder über diesen im Hangenden des „Thüringer Hauptflözes" überwiegend 6 bis 8 m, z. T. bis 14 m mächtiger, vorwiegend fetter Ton, örtlich vielfach durch Sandlagen unterbrochen (Leitschicht: „Haselbacher Ton")
	Hauptflöz	Hauptflöz („Bornaer Hauptflöz", Flöz II), 12 bis 14 m mächtig, im Bornaer Revier bis zur Schnauder reichend, weiter südwestlich in mächtigen Flußsanden auskeilend, die es von einem höheren Flözteil („Thüringer Hauptflöz", Flöz III) trennen. Dieses 12 bis 15 m mächtige Flöz kennzeichnet das Zeitzer und Thüringer Revier.
	Mittel	Feiner Kies bis grober Sand, wasserführend, besonders in der Beckenmitte ausgebildet, nach oben z. T. in tonigen Sand und Ton übergehend, 12 bis 15 m, z. T. bis rund 30 m mächtig
	Unterflöz	Unterflöz („Sächsisch-Thüringisches Unterflöz", Flöz I), ungleichmäßig mächtig, auf die Mitte des Weißelster-Beckens beschränkt, meist 3 bis 4 m mächtig, in einzelnen Kesseln, besonders im Westen des Gebietes auf 30 m, im Raum Profen auf über 50 m Stärke anschwellend
	Liegendschichten	Ton, fett, meist 4 bis 6 m mächtig Mittlere bis feine Kiese, gelegentlich mit Sandlagen, stark wasserführend („Liegendwässer"), besonders im Süden; im Norden durch Ton und feine, oft tonige Sande ersetzt, 40 bis 50 m mächtig. Lokal in der Beckenmitte erste Flözbildung, im allgemeinen 2 bis 3 m, selten über 5 m mächtig (Flöz x) Kaolinton, schluffig bis feinsandig, z. T. mit Geröllen (Raum Profen-Pegau), in kaolinisch zersetztes Prätertiär übergehend
PRÄTERTIÄR		Grauwacke des Algonkiums, quarzitische Gesteine und Quarzitschiefer des Tremadoc, Grillenberger Schichten des Westfals D, Rotliegendes mit Porphyren, Bunte Letten und Plattendolomit des Zechsteins, Bunte Letten und Sandsteine des Buntsandsteins u. a. m.

Die zunächst vorgesehenen Bohrmeter für die im allgemeinen etwa 30—50 m tiefen Bohrlöcher wurden nur zu rd. 60% benötigt, weil die Ausbildung des Tonkomplexes auch hier, entgegen älteren Kohlebohrungen, größtenteils nicht günstig war. Zudem wurde seitens der Braunkohlenindustrie erklärt, daß aus technischen Gründen ein Aushalten des Tones unter den herrschenden Umständen und Lagerungsverhältnissen im Schleenhainer Tagebau nicht in Betracht käme. Dagegen lag eine getrennte Gewinnung des Tones für den gerade begonnenen Neuaufschluß Haselbach im Bereiche der Möglichkeit. Daher wurde die Erkundung vom Feld Schleenhain auf den Raum Haselbach verlagert, wo der Tonkomplex ebenfalls wesentlich mehr aufgespalten war und bedeutend größere Unregelmäßigkeiten aufwies, als an Hand der vorhandenen

b) Bohrloch Nr. 9/57 Schleenhain (Kreis Borna) (Abb. 4)[1] Höhenlage: +159,5 m

Tiefe	Mächtigkeit	Schicht	
0,00 bis 0,30 m	0,30 m	Mutterboden	Pleistozän
0,30 bis 1,50 m	1,20 m	Geschiebelehm, rostbraun, sandig	
1,50 bis 9,30 m	7,80 m	Geschiebemergel, grau und erbsgelb, sandig	
9,30 bis 9,50 m	0,20 m	Sand, grau, fein, kalkhaltig	
9,50 bis 20,80 m	11,30 m	Geschiebemergel, grau, sandig	
20,80 bis 21,30 m	0,50 m	Bänderton	
21,30 bis 21,60 m	0,30 m	Schluff, grau, tonig, feinsandig, kalkhaltig, mit einzelnen Kohleblüten	
21,60 bis 22,50 m	0,90 m	Ton, hell- und dunkelbraun, fett, mit fein verteilter Kohle und Kohleblüten	Oberes Eozän (Haselbacher Serie)
22,50 bis 23,20 m	0,70 m	Ton, dunkelbraun, feinsandig-schluffig, stark kohlehaltig bis Kohleton	
23,20 bis 25,90 m	2,70 m	Sand, bräunlichgrau, fein, schwach tonig, mit stärker tonigen Schmitzen und Kohleblüten	
25,90 bis 32,40 m	6,50 m	Sand, bräunlichgrau, fein bis mittel, feinglimmerig	
32,40 bis 33,20 m	0,80 m	Sand, grau, mittel bis grob, feinglimmrig	
33,20 bis 38,40 m	5,20 m	Sand, grau, grob, mit mittleren Anteilen	
38,40 bis 38,60 m	0,20 m	Kohleton	
38,60 bis 39,30 m	0,70 m	Ton, blaugrau, fett, mit einzelnen Sandkörnern	
39,30 bis 39,50 m	0,20 m	Ton, bläulichgrau, sandig	
39,50 bis 40,60 m	1,10 m	Ton, grau mit blauen Flecken, fett, mit einzelnen Kohleblüten	
40,60 bis 41,50 m	0,90 m	Ton, bräunlichgrau fett	
41,50 bis 42,80 m	1,30 m	Ton, bräunlichgrau, schluffig und feinsandig	
42,80 bis 44,60 m	1,80 m	Ton, grau, schluffigsandig	
44,60 bis 44,90 m	0,30 m	Schluff, grau, tonig	
44,90 bis 45,80 m	0,90 m	Ton, blaugrau, fett	
45,80 bis 46,10 m	0,30 m	Schluff, grau, tonig, bis Ton, stark schluffig, mit Kohleadern	
46,10 bis 47,20 m	1,10 m	Ton, bräunlichgrau, bläuliche Flecken, fett bis schwach sandig	
47,20 bis 48,00 m	0,80 m	Ton, grau, sandig, mit stark sandigen Lagen	
48,00 bis 48,90 m	0,90 m	Ton, braun, sandig, kohlehaltig, mit Kohleblüten	
folgt		Braunkohle, dunkelbraun, schwach tonig	Hauptflöz

[1]) Für die Überlassung der Bohrungen b) und c) aus den Feldern Schleenhain und Haselbach 1957 danke ich dem Bearbeiter Dipl.-Geol. P. BÖHME, Leipzig.

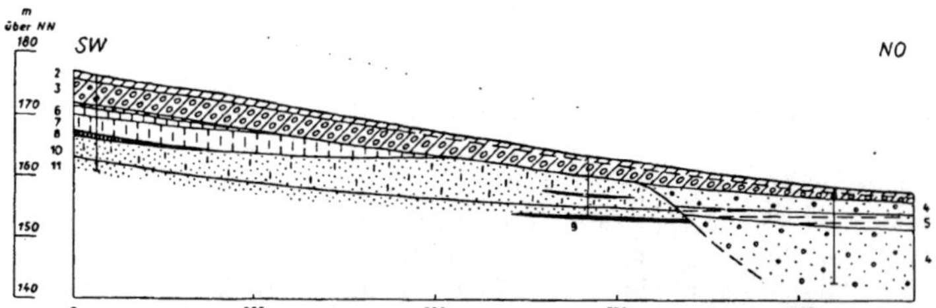

Abb. 3. SW-NO-Schnitt durch das Bohrfeld im Kammerforst bei Haselbach 1954 (Erläuterungen vgl. Abb. 2)

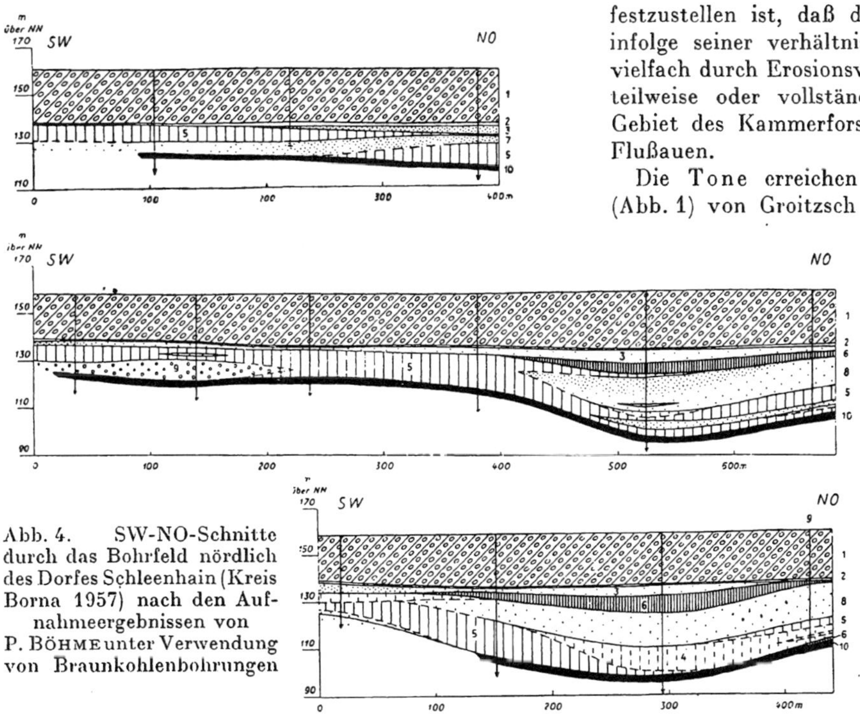

Abb. 4. SW-NO-Schnitte durch das Bohrfeld nördlich des Dorfes Schleenhain (Kreis Borna 1957) nach den Aufnahmeergebnissen von P. BÖHME unter Verwendung von Braunkohlenbohrungen

Pleistozän: 1 — Geschiebelehm und -mergel, mit Sand- und Grandlagen (Rißeiszeit und Mindeleiszeit), 2 — Bänderton der Mindeleiszeit ein schließlich schluffig-feinsandiger Beckensedimente

Mitteloligozän: 3 — Sand, grau, vorwiegend fein und Schluff („Pödelwitzer Sande")

Obereozän: 4 — Haselbacher Ton, stärker schluffig oder feinsandig, 5 — Haselbacher Ton, vorwiegend fett bis wenig schluffig, 6 — Ton. kohlig, 7 — Sand, fein bis Schluff, vielfach tonig, 8 — Sand, mittel bis grob, 9 — Kies, fein, 10 — Braunkohle (Hauptflöz des Weißelster-Beckens

Unterlagen angenommen werden konnte. Es darf als Erfolg für den Geologen gewertet werden, daß sich in die Lösung der „Tonfrage" höchste Regierungs- und Parteidienststellen einschalteten. Die Verpflichtung der Braunkohlenindustrie, als Ersatz für vernichtete Tongruben den erforderlichen Rohstoff von anderer Stelle zu liefern und darüber hinaus wertvolle Rohstoffe aus Decke und Mitteln nach Möglichkeit überhaupt auszuhalten, wurde eindeutig festgelegt.

Im Bereich des Geologischen Dienstes Freiberg sollen die bei der Braunkohlenindustrie beschäftigten Geologen in die Aufnahme der Bohrproben und in die Charakterisierung keramischer und anderer Rohstoffe des Sektors Steine und Erden eingeführt werden, damit künftig auch alle industriellen Bohrungen vollständig erfaßt werden.

3. Der Haselbacher Ton in geologischer Hinsicht

a) Verbreitung und Lagerungsverhältnisse (Abb. 1 bis 5)

Der von Dipl-Ing. G. MEYER nach seinem Hauptverbreitungs- und Abbaugebiet als „Haselbacher Ton" bezeichnete Komplex bildet im Weißelster-Becken einen kennzeichnenden Leithorizont im Hangenden des oberen Teiles des Hauptflözes („Thüringisches Flöz" bzw. Flöz III i. S. von G. MEYER) bzw. im Liegenden des Oberflözes (Flöz IV i. S. von G. MEYER).

Während die Mittel zwischen den Braunkohlenflözen sonst überwiegend sandig ausgebildet sind, liegt im Bereich der Haselbacher Serie vor allem Ton vor.

Der Haselbacher Ton weist ein recht großes Verbreitungsgebiet auf, wobei allerdings einschränkend festzustellen ist, daß der gesamte Schichtenkomplex infolge seiner verhältnismäßig hohen Lage im Profil vielfach durch Erosionsvorgänge während des Quartärs teilweise oder vollständig entfernt wurde, z. B. im Gebiet des Kammerforstes und im Raum der jungen Flußauen.

Die Tone erreichen in ihrem Verbreitungsgebiet (Abb. 1) von Groitzsch über Lucka bis in den Raum von Meuselwitz und von dort nach Rositz und Altenburg, im Raum von Haselbach—Regis—Schleenhain und in Richtung auf Borna zu im allgemeinen Mächtigkeiten von 8—12 m, stellenweise sogar von 10—16 m. Auf weite Strecken treten ausgesprochen fette Tone auf, d. h. typische „Blautone" der keramischen Industrie. Neben blaugrauen und graublauen Farbtönen kommen auch bräunliche und graue Tone vor, wobei die braunen Farben durch mehr oder weniger reichlich beigemengte Braunkohlensubstanz hervorgerufen werden. Im Liegenden der Serie findet sich ein meist rund 0,4 bis um 1,0 m mächtiger Kohleton von hell- bis dunkelbrauner Farbe, der vielfach über stärker tonige Braunkohle („Tonkohle") zu den hangenden Teilen des Hauptflözes überleitet.

Wie in allen übrigen bekannten Tonlagerstätten finden sich auch im Haselbacher Ton immer wieder Einschaltungen von schluffigem bis feinsandigem Material, zunächst als schluffige bis feinsandige Tone, dann aber auch als feine, schluffige oder auch tonige Sande, die mitunter in reineren Feinsand und auch gröberkörnige Sande übergehen. Solche Schichten führen dann oft Grundwasser und neigen beim Anschnitt zum Ausfließen. In einzelnen Räumen herrscht dieses sandige Material vor und verdrängt den fetten Ton, besonders in einer von Südosten nach Nordwesten verlaufenden Zone inmitten des Tonfeldes. Mehrfach beobachtet man alle Übergänge von fetten Tonen bis zu feinen Sanden. An anderen Stellen dagegen ist der Übergang von Ton in Sand auffällig scharf, dann wieder sind Tone und Sande innig miteinander verzahnt. Bisweilen treten auch in mächtigen Lagen von fetten, hochplastischen Tonen geringmächtige sandige Einlagerungen oder kleinste Sandschmitzen auf. Ein gewisser Glimmergehalt kennzeichnet vielfach die schluffigen bis feinsandigen Partien, während sich in den fetten Lagen ab und zu Konkretionen von Schwefelkies finden, die aber meist nur geringe Größe aufweisen. Vielfach erkennt man in der Haselbacher Serie Einlagerungen von Braunkohle. Ein Normalprofil der gesamten Haselbacher Serie läßt sich nirgends geben, im Gegenteil, ein örtlich unterschiedlicher Wechsel von verschiedenartigen Lagen in der Horizontalen und auch in der Vertikalen ist kennzeichnend. Bei Erkundungsarbeiten kommt es allein darauf an, jene Gebiete zu erkennen, in denen vorwiegend fette Tone von größerer Mächtigkeit anstehen. Von Beschreibungen auf alten, nicht von Geologen bearbeiteten Schichtenverzeichnissen kann man sich nicht leiten lassen. Die

Angabe „Ton, fett" der Bohrmeister kann durchaus schluffiger bis feinsandiger Ton oder auch fetter Ton mit für den Brennprozeß unangenehmen einzelnen gröberen Sandkörnern sein. Eine Grobansprache des Tones durch Befühlen ist nicht möglich. Oft bemerkt man einen gewissen Schluff- oder Feinsandgehalt erst dann, wenn man das Material „kostet", d. h. zwischen die Zähne nimmt.

Die Lagerungsform der Haselbacher Serie ist, ebenso wie die der gesamten Schichtenfolge, in weiten Teilen des Weißelster-Beckens mehr oder weniger gewellt, so daß sattelförmige Aufbiegungen neben „Tonmulden" zu liegen kommen.

Einige Aufnahmeergebnisse von Tonbohrungen im Haselbacher Komplex mögen die unterschiedlichen Ausbildungsverhältnisse der ganzen Serie veranschaulichen, die auch die Schnitte zeigen (Abb. 2 bis 5).

Die eng benachbarten Bohrlöcher c) bis e) (Abb. 5a und b) lassen gut erkennen, welche Ergebnisse eine einwandfrei durchgeführte und vollständig dokumentierte Bohrung bringt (c) und wie das Bild bei Bohrmeisterangaben aussieht (d und e). Insbesondere fällt bei d) und e) auf, wie mächtig anscheinend die fetten Tonpartien sind und wie in Wirklichkeit diese Lagen aussehen, wenn genau gebohrt und Probe genommen wird (c).

Auch die Verhältnisse am Tagebaustoß zeigen die im einzelnen erheblich wechselnden Ausbildungsverhältnisse.

Die spezielle Gliederung der Haselbacher Serie im Profil der Tagebauwand Schleenhain selbst war an wenige Meter voneinander entfernten Stellen immer verschieden. Dazu kamen außer der wechselnden Qualität unterschiedliche Mächtigkeit und eine mehr oder weniger wellige Lagerung des Tones. Ein etwa in der Mitte befindliches, nur wenige Dezimeter mächtiges Band von stark kohligem, braunem Ton gliederte 1954 in Schleenhain den gesamten Komplex in einen oberen und in einen unteren Ton. Der Oberton war im allgemeinen fetter und ärmer an Sandkörnern als der vorwiegend oder häufig schluffig ausgebildete Unterton. Die Beobachtung hat gelehrt, daß solche Bänder oder Zonen kaum über weite Erstreckung aushalten.

Auch im Tagebau Witznitz II bei Großzössen (Kreis Borna) wurden ähnliche Beobachtungen angestellt. Im ganzen war hier die Fazies überwiegend schluffig bis feinsandig und nur in einzelnen Teilen fett.

Aus dieser Darstellung geht hervor, mit welchen Schwierigkeiten, selbst noch bei Bohrlochabständen von 50 m, eine spezielle Abbohrung auf Ton zu kämpfen hat, da es gänzlich ausgeschlossen ist, die auf so geringe Entfernung wechselnden faziellen Verhältnisse zu erfassen.

Dadurch wird die Vorratsberechnung mit gewissen, nicht vermeidbaren Unsicherheitsfaktoren belastet.

Ganz besondere Sorgfalt erfordert die Entnahme von Proben für chemische, physikalische und brenntechnische Untersuchungen, wenn die wirkliche durchschnittliche Zusammensetzung des Rohstoffes an Hand der Analysenergebnisse erkannt werden soll. Erfolg bringt immer der Einsatz von Spezialisten, auch im Bohrwesen.

b) Genese des Haselbacher Tones

Überblickt man das gesamte Verbreitungsgebiet des Haselbacher Komplexes, so fällt immer wieder auf, daß ausgesprochen fette Tonpartien überaus selten sind. Sie bedürfen eines besonderen Schutzes, damit sie einer industriellen Verwertung zugeführt werden können.

Die Ablagerung der Haselbacher Serie ist aus südlicher bis südöstlicher Richtung erfolgt, d. h. aus dem Raum von Altenburg nach Nordwesten hin. Man darf sich wohl mit der Vorstellung G. MEYERs einverstanden erklären, nach der ein großer Fluß in ein wassergefülltes Becken strömte, ähnlich wie der Rhein in den Bodensee, wo er seine Fracht verliert, jährlich nahezu 50000 m³ Gesteinsmassen sedimentiert und damit langsam zur Verlandung des Sees beiträgt. Auch der „Haselbacher See" wurde allmählich zugefüllt, nur mit dem Unterschied, daß das zugeführte Material keine grobe Geröllfracht war. Im Stromstrich des Flusses, einer Art „Urpleiße", setzten sich die erwähnten gröberen, sandigen Massen ab, während die feinen, tonigen, schwebenden Komponenten offensichtlich seitwärts abgedrängt wurden und in den ruhigeren, weniger bewegten Teilen des Sees, in Stillwasserbuchten und ähnlichen Örtlichkeiten zur Ablagerung kamen. Die in den Tonen gelegentlich auftretenden sandigen Schmitzen und Lagen oder wechselnd sandige und tonige Schichtenfolgen in der vertikalen, aber auch in der horizontalen Verbreitung deuten auf unterschiedliche Wasserführung des Flusses und einen verschiedenen Massentransport hin. In Hochwasserzeiten oder wenigstens in solchen erhöhter Wasserführung wurden mehr sandige Komponenten abgelagert als in solchen mit Niedrigwasser, in denen die schwereren, sandigen Teile bereits weiter südlich, im Eintrittsgebiet des Flusses in den See, liegen blieben. So hat sich im ganzen durchaus das Bild eines Schotterfächers ausgeprägt. Fragt man nach dem Ursprungsmaterial der Tone und Sande, so darf man davon ausgehen, daß im Raume von Altenburg ein Sporn des alten Gebirges in herzynischer Richtung weit in das Tiefland vorspringt. P. ENGERT (1957, S. 173) hat an Hand von Bohrungen gezeigt, daß dieser „Altenburger Vorsprung" viel weiter nach Nordwesten reicht,

c) Bohrloch Nr. 18/57 Haselbach (Kreis Borna) (Abb. 5a)			Höhenlage +169,4 m
0,00 bis 0,30 m	0,30 m	Mutterboden	Pleistozän
0,30 bis 3,30 m	3,00 m	Geschiebelehm, rostbraun, sandig	
3,30 bis 5,00 m	1,70 m	Kies, gelblichgrau, fein bis mittel, grobsandig	
5,00 bis 6,50 m	1,50 m	Ton, bräunlichgrau, fett	Oberes Eozän (Haselbacher Serie)
6,50 bis 7,30 m	0,80 m	Ton, graubraun, fett	
7,30 bis 9,00 m	1,70 m	Ton, graubraun, fett mit Feinsandkörnern	
9,00 bis 10,80 m	1,80 m	Ton, hellgrau, fett, mit 2 bis 3 cm mächtigen feinsandigen Lagen	
10,80 bis 11,20 m	0,40 m	Ton, hellgrau, stark feinsandig bis schluffig bis Sand, fein, stark tonig	
11,20 bis 12,30 m	1,10 m	Ton, grau, fett, mit einzelnen Feinsandkörnern	
12,30 bis 12,60 m	0,30 m	Ton, grau, stark feinsandig und schluffig	
12,60 bis 13,80 m	1,20 m	Ton, bräunlichgrau, fett	
13,80 bis 14,30 m	0,50 m	Ton, bräunlichgrau, stark schluffig und feinsandig	
14,30 bis 15,50 m	1,20 m	Schluff, bräunlichgrau, feinsandig, schwach tonig, feinglimmerig	

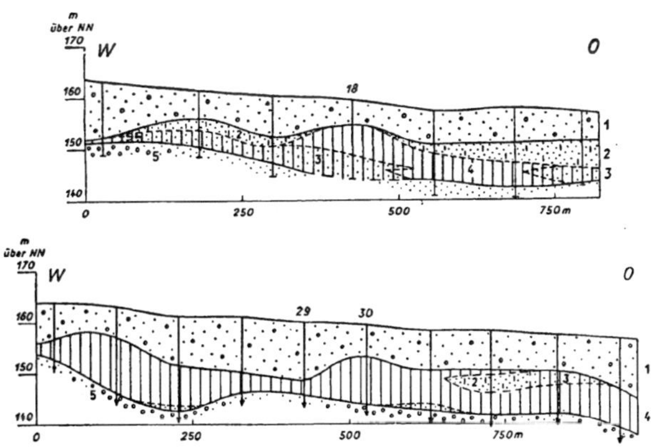

Abb. 5. West-Ost-Schnitte durch das Bohrfeld im Vorfeld des Tagebaues Haselbach 1957

a) Nach der Aufnahme von Tonbohrungen des Geologischen Dienstes Freiberg/Sa. durch P. BÖHME

b) Nach Braunkohlenbohrungen des Jahres 1948

Die beiden Schnitte laufen fast genau parallel und liegen in geringster Entfernung.

Pleistozän: 1 — Decke (Geschiebelehm und -mergel der Riß- und Mindeleiszeit, Flußschotter und Geschiebesand)

Obereozän: 2 — Schluff und Feinsand, meist tonig, Fazies des Haselbacher Tones, 3 — Haselbacher Ton, vorwiegend feinsandig und schluffig, 4 — Haselbacher Ton, vorwiegend fett, 5 — Kies und Sand, meist mittel bis grob

als bisher angenommen wurde, nämlich wenigstens bis in den Pegauer Raum. Im Sattelkern dieses saxonischen Bauelementes wurden mehrfach in Braunkohlebohrungen Kaoline angetroffen, die vom Verf. im Gebiet nördlich von Meuselwitz, im Staatsforst Lehma, unweit von Ruppersdorf, als Verwitterungsprodukte wahrscheinlich porphyrischer Gesteine diagnostiziert werden konnten. Auch B. VON FREYBERG hat früher (1927) bereits über den Haselbacher Ton bemerkt, daß dieser durch Umlagerung von Porphyr- und Porphyritkaolinen entstanden sei, wie sie bei Altenburg und in Sachsen anstehen. Die porphyrischen Gesteine des Altenburger Vorsprungs, aber wohl auch der ostthüringische Buntsandstein, die Gesteine des Grenzkonglomerates (Oberrotliegendes bis Oberer Zechstein) und andere feldspathaltige Serien unterlagen seit der Unteren Kreidezeit auf einer alten Landoberfläche einer tiefgründigen Kaolinisierung. Noch während des älteren Tertiärs sind diese Vorgänge abgelaufen. Sie müssen aber deshalb schon älter sein, weil die Aufbereitungsprodukte dieser Kaolinisierung bereits in eozäner Zeit so große Massen bildeten, daß eine erhebliche Tiefe der Kaolindecke zu Beginn des Tertiärs postuliert werden muß. Alle feldspathaltigen Gesteine haben mit ihren kaolinisierten Produkten im Einzugsgebiet des „Altenburger Flusses" („Urpleiße") den Stoff für den Haselbacher Ton geliefert. Unter Mitwirkung des fließenden Wassers, durch Erosions- und Denudationsvorgänge, wurde in tertiärer Zeit der primäre Rohkaolin von den größeren und kleineren Erhebungen der alten Landoberfläche entfernt und weiter nördlich auf sekundärer Lagerstätte wieder abgesetzt. Während des Transportes kam es zu einer natürlichen Aufbereitung des Rohkaolins, ähnlich wie dies heute künstlich in unseren Kaolinschlämmereien geschieht. In Abhängigkeit von Wasserführung, Transportkraft und Umbildungsvorgängen findet sich an den sekundären Ablagerungsstellen unterschiedliches Material. Nur durch

d) Bohrloch 30/48 Flur Haselbach (Kreis Borna) Kohlebohrung (Abb. 5b) — Höhenlage + 169,6 m

0,00 bis 0,20 m	0,20 m	Mutterboden		Pleistozän
0,20 bis 3,80 m	3,60 m	Geschiebemergel, gelb		
3,80 bis 4,80 m	1,00 m	Sand, gelb, scharf		
4,80 bis 6,40 m	1,60 m	Kies, gelb, grob		
6,40 bis 15,90 m	9,50 m	Ton, grau, fett		Oberes Eozän (Haselbacher Serie)
15,90 bis 23,20 m	7,30 m	Quarzkies, fein		
23,20 bis 25,20 m	2,00 m	Ton, braun, fett, mit Kohle		
25,20 bis 26,40 m	1,20 m	Quarzkies, fein		
26,40 bis 31,70 m	5,30 m	Kohle, erdig, knorpelig		Oberes Eozän Hauptflöz
31,70 bis 32,40 m	0,70 m	Ton, braun, fett		
32,40 bis 40,50 m	8,10 m	Kohle, erdig, knorpelig		
40,50 bis 40,80 m	0,30 m	Ton, braun, sandig		
40,80 bis 47,40 m	6,60 m	Kohle, erdig, knorpelig		
47,40 bis 48,00 m	0,60 m	Ton, grau, fett		

e) Bohrloch Nr. 29/48 Flur Haselbach (Kreis Borna) Kohlebohrung (Abb. 5b) — Höhenlage + 170,0 m

0,00 bis 0,20 m	0,20 m	Mutterboden		Pleistozän
0,20 bis 5,20 m	5,00 m	Geschiebemergel, gelb		
5,20 bis 5,80 m	0,60 m	Sand, gelb, scharf		
5,80 bis 6,90 m	1,10 m	Kies, gelb, scharf		
6,90 bis 7,50 m	0,60 m	Ton, grau, fett		Oberes Eozän (Haselbacher Serie)
7,50 bis 11,30 m	3,80 m	Sand, gelb, scharf		
11,30 bis 14,40 m	3,10 m	Ton, grau, fett		
14,40 bis 18,10 m	3,70 m	Sand, grau, scharf		
18,10 bis 18,50 m	0,40 m	Sand, grau, scharf		
18,50 bis 26,30 m	7,80 m	Sand, grau, scharf		
26,30 bis 32,40 m	6,10 m	Kohle, erdig, mit Knorpeln		Oberes Eozän Hauptflöz
32,40 bis 33,10 m	0,70 m	Ton, braun, fett		
33,10 bis 41,80 m	8,70 m	Kohle		
41,80 bis 42,20 m	0,40 m	Ton, braun, sandig		
42,20 bis 48,50 m	6,30 m	Kohle		
48,50 bis 49,70 m	1,20 m	Ton, grau, fett		

solche Vorgänge lassen sich die oft so reinen Ton- und Sandlagen innerhalb der Haselbacher Serie erklären. Unreine Lagen weisen auf eine ungenügende Sortierung hin, sind aber gelegentlich darauf zurückzuführen, daß eine mehrfache Umlagerung der Massen erfolgt sein mag.

Daß sich auffälligerweise mächtigere, einheitliche Fett-Ton-Komplexe immer nur im Braunkohlebecken, also im Verbreitungsgebiet der Braunkohlenflöze, aber nicht im kohlearmen oder kohlefreien Raum finden, dürfte damit zusammenhängen, daß sich diese Gebiete auch nach der Flözbildung weiter abgesenkt und sich dabei die seenartigen Geländeformen entwickelt haben, wie z. B. der „Haselbacher See".

Diese Verhältnisse wurden für das Weißelster-Becken zur großen Überraschung durch die Abbohrung Wildenhain-Haselbach im Jahre 1954 (Abb. 2, 3) bestätigt. Dieser Raum wird vom Braunkohlenbergbau nicht beansprucht und liegt als nicht bauwürdiges Gebiet zwischen den Tagebauen Ruppersdorf und Schleenhain. Eine bessere Tonführung der Haselbacher Serie setzt erst dort ein, wo im Untergrund das den Ton unterlagernde Hauptflöz in größerer Mächtigkeit entwickelt ist, nämlich im Randgebiet der Tagebaue Ruppersdorf und Schleenhain.

4. Zusammenfassung

Im Weißelster-Becken lagert zwischen dem Hauptflöz und dem Oberflöz der wertvolle, auf größere Erstreckung mehr oder weniger hochplastische, fette Haselbacher Ton, der für die keramische, besonders die feuerfeste, und die chemische Industrie einen wichtigen Rohstoff darstellt. Wo er zutage steht, wurde er gewonnen, im größten Teil seines Verbreitungsgebietes aber als Abraum in Braunkohletagebauen verkippt. Da brauchbarer Ton von besseren Qualitäten nur in Zusammenhang mit bauwürdigen Braunkohlenlagern vorkommt, geht das Material für immer mit dem Kohlebergbau verloren. Daher muß der Ton gemeinsam mit der Braunkohle gewonnen und in den Tagebauen ausgehalten werden. Nach langjährigen Bemühungen wurde vor kurzem ein für Ton- und Braunkohlenindustrie gangbarer Weg gefunden. Im Neuaufschluß Haselbach (Kreis Borna) wird neben der Kohle auch der Ton gewonnen.

Da die Auswertung älterer und jüngerer Braunkohlenbohrungen nicht brauchbare und teilweise sogar unrichtige Angaben über Art und Verbreitung bauwürdigen fetten Blautons in der Decke lieferte, wurde das Vorfeld des Tagebaues Haselbach durch spezielle Tonbohrungen näher untersucht, um Unterlagen für die Projektierung des Abbaues zu erhalten.

Die meist 8 bis 12, zum Teil 10 bis 16 m mächtige Haselbacher Serie besteht vorwiegend aus Tonen, im Gegensatz zu den übrigen meist sandigen Mitteln des Weißelster-Beckens. Freilich sind dem Ton häufig unreine, schluffige oder sandige, bisweilen auch kohlige Lagen zwischengeschaltet, oder dieser ist mit solchen Partien verzahnt. Mehrfach ist der Haselbacher Ton durch pleistozäne oder holozäne Erosion entfernt worden.

Er kennzeichnet besonders den südlichen Teil des Weißelster-Beckens im Raume Groitzsch — Lucka — Meuselwitz — Rositz — Altenburg — Regis-Breitingen — Schleenhain—Borna. Die Lagerungsform ist meist flachwellig.

Der Ton wurde in einem wassergefüllten Becken abgelagert, in das ein Fluß mündete. Im Stromstrich wurden die schwereren sandigen Komponenten abgesetzt, während die Tontrübe seitlich abgedrängt und z. T. in Stillwasserbuchten zum Absatz kam. Der Ton stellt das natürliche Aufbereitungsprodukt primärer Kaoline aus dem Altenburger Raum dar, bei denen Porphyre und Porphyrite als Muttergesteine die Hauptrolle spielen dürften.

Literatur

BÖHME, P.: Ergebnisbericht über Erkundungsarbeiten auf Ton im Raum Schleenhain (Kreis Borna), 1957, unveröffentlicht. — Archiv der StGK Berlin.

ENGERT, P.: Der prätertiäre Untergrund von Nordwestsachsen und seine Tektonik. — Ber. d. Geol. Ges. i. d. DDR II, Berlin 1957, S. 165/176.

v. FREYBERG, B.: Die nutzbaren Begleitschichten der Braunkohle in Thüringen und ihre Muttergesteine. — Beitr. z. Geol. v. Thür., Bd. I, Heft 5, S. 1/21, Jena 1927/28.

HOHL, R.: Die Braunkohlenerkundung in Nordwestsachsen. — Z. angew. Geol. 1958, H. 1, S. 27/33.

— Hydrogeologische Fragen im Rahmen der Braunkohlenerkundung in Nordwestsachsen — ebenda 1958, H. 8, S. 353/359.

— Ergebnisbericht über Erkundungsarbeiten auf Ton im Raum von Wildenhain—Haselbach/Kreis Borna 1954, unveröffentlicht. — Archiv der StGK Berlin.

— Verschiedene Gutachten und Berichte über den Haselbacher Ton ab 1952, unveröffentlicht. — Archiv der StGK Berlin.

v. HOYNINGEN-HUENE, E.: Gedanken über die Nutzung von Baustoffvorkommen im Deckgebirge der Braunkohle. — Z. angew. Geol. 1958, H. 4, S. 152/155.

KRUTZSCH, W. & D. LOTSCH: Zur stratigraphischen Stellung der Latdorf-Stufe im Paläogen. — Geologie, Bd. 6, Berlin 1957, S. 476/501.

MEHNER, W.: Die Braunkohlenerkundung in der Lausitz. — Z. f. angew. Geol. 1957, H. 11/12, S. 505/509.

MEYER, G.: Der Einfluß der geologischen Strukturen im Meuselwitz-Bornaer Braunkohlenrevier auf Planung und Abbau. — Freiberger Forschungshefte 1951, H. 1.

POMPER, J.: Unsere Tonlagerstätten. — Silikattechnik 9. Berlin 1958, S. 110/116.

— Die Rohstoffbasen für die mitteldeutsche Steinzeugindustrie. — Silikattechnik 8. Berlin 1957, S. 322/323.

SCHNEIDER, J.: Ton aus Tagebauen. — Die Wirtschaft, Jhg. 13, Nr. 23, 5. 6. 1958, S. 10.

SCHRADER, K.-H.: Der Haselbacher Ton als Leitschicht in der Braunkohlenformation Nordwestsachsens und seine technische Verwendbarkeit unter besonderer Berücksichtigung der Genesis der Braunkohlenablagerungen. — Diplomarbeit Bergakademie Freiberg/Sa., 1951, unveröffentlicht.

Zu den Toleranzen bei Vorratsangaben und deren Aussagesicherheit

FRIEDRICH STAMMBERGER, Berlin

Herr Dr. JAHNS legte während des Internationalen Kolloquiums über Fragen der Vorratsklassifikation Ende Januar in Berlin zum 2. Tagesordnungspunkt seine Gedanken zur Aussagesicherheit der Vorratsangaben dar, die in Heft 5 und 7 von „Erzmetall" (1959) in etwas veränderter Form veröffentlicht wurden. Nachfolgend bringen wir gekürzt und für den Druck bearbeitet die Diskussionsentgegnung F. STAMMBERGERS auf die Darlegungen von Dr. JAHNS. D. R.

In unseren Vorratsziffern liegt unbestritten ein bestimmter Grad der Ungenauigkeit. Die Diskussion über sie wird vor allem in drei Richtungen geführt:

1. Wie groß ist die Ungenauigkeit der Angaben, die auf Grund der natürlichen Gegebenheiten unvermeidlich ist, d. h. eine Ungenauigkeit, die selbst bei vollem Einsatz aller verfügbaren Erkundungsmittel zu einer Abweichung vom Abbauergebnis führen muß?

Wie groß sind die unvermeidlichen Ungenauigkeiten? Sind sie derart, daß in Form von Fehlergrenzen oder Toleranzen ihre ziffernmäßige Festlegung notwendig ist?

2. Wie wirken sich diese Ungenauigkeiten für die einzelnen Klassen bei Berücksichtigung der Tatsache aus, daß ein unterschiedlicher Umfang an Erkundungsarbeiten durchgeführt wird?

Mit anderen Worten: Sind diese ziffernmäßigen Festlegungen für die verschiedenen Klassen verschieden groß anzusetzen?

3. Besteht die Möglichkeit, für einen angegebenen Mindestumfang der Vorräte die Garantie für seine Existenz zu übernehmen?

Wenn man über diese Fragen Untersuchungen anstellen will, muß man einige wesentliche Einschränkungen zu dem Kreis der in die Untersuchung einbezogenen Fälle machen:

1. Wir müssen von Vorratsberechnungen ausgehen, die sich auf bei der Erkundung ermittelte Daten stützen, und die sogenannten Vorratsschätzungen aus der Betrachtung zunächst völlig ausklammern.

2. Wir müssen jene Fehler aus der Untersuchung ausschalten, die sich aus Unwissenheit oder Nachlässigkeit der Bearbeiter ergeben.

Es dürfte zweckmäßig sein, auch jene Fehler der Vorratsangaben aus der Betrachtung auszuschließen, die sich aus einer falschen Methode der Vorratsberechnung ergeben können. (Das ist eine Spezialfrage, die auf das von uns behandelte Thema zunächst nicht von unmittelbarem Einfluß ist und außerdem — als Fehlerquelle — ausgeschieden werden kann.)

Bei dieser Einschränkung lassen sich alle Fehler und Ungenauigkeiten der Vorratsangaben in zwei Gruppen einordnen:

1. Technische Fehler, die sich bei Messungen und Bestimmungen der Einzelwerte für die Ausgangsparameter ergeben, und

2. Fehler, die sich aus der Übertragung gemessener Werte oder festgestellter Verhältnisse auf Wirkungsbereiche oder unbekannte Feldesteile ergeben. Unsere sowjetischen Kollegen nennen meines Wissens diese Gruppe „Fehler der Analogie".

Die Genauigkeit bei Messungen und Bestimmungen liegt gegenwärtig so hoch, daß sie in der Regel keine wesentlichen Bedenken hervorruft.

Diesen Ungenauigkeiten kann außerdem mit Hilfe der Fehlertheorie und ihren bekannten Methoden begegnet werden.

Bedenken entstehen vor allem über die Richtigkeit der Übertragung der aus diesen Einzelwerten errechneten Durchschnittswerte auf einen Vorratsblock oder eine ganze Lagerstätte. Bisher wurden diese Bedenken lediglich laut hinsichtlich der Vorratsmenge. Zu oft wurde übersehen, daß sie auch die Qualität des Vorrats betreffen, d. h. Gehalt, Verunreinigung bzw. Beimischungen usw., Faktoren, die wesentlich die Wirtschaftlichkeit des abzubauenden Vorrats beeinflussen.

Nun zu den drei eingangs formulierten Fragen:

Unter Geologen dürfte die Feststellung kaum Widerspruch hervorrufen, daß Vorratsangaben stets mit einem Grad der Ungenauigkeit und Unzuverlässigkeit behaftet sind. Man muß sich jedoch darüber aussprechen, welche Genauigkeiten für die Bergwirtschaft überhaupt erforderlich sind. In der Industrie sind Angaben, die mit einer Wahrscheinlichkeit von 95% gemacht werden können, als gesichert anzusehen, d. h., ein Fehler von 5% wird in der Wirtschaft, in der Industrie als unwesentlich in Kauf genommen. Es scheint durchaus vertretbar, für unsere Zwecke in sehr vielen Fällen auch einen Fehler von 10% als erträglich zu bezeichnen.

Umfangreiche Untersuchungen, die vor allem von seiten unserer sowjetischen Kollegen durchgeführt worden sind, haben ergeben, daß Fehler, die technische Ursachen haben, im allgemeinen innerhalb dieser Größenordnung liegen. Dabei ist allerdings noch völlig unklar, wie sie sich in ihrem Zusammenwirken auf die Gesamtvorratsziffer auswirken. Neben diesen technischen Fehlern, die nach allgemeiner Meinung einen relativ geringen Einfluß auf die Gesamtziffer der angegebenen Vorräte ausüben, spielen — sowohl in der Diskussion als auch in der Praxis — der Repräsentationsfehler der Erkundungsdaten und die Fehler der Analogie eine viel größere Rolle.

Wie groß ist das Ausmaß dieser Fehler, und wie sollen sie bestimmt werden, um etwa in Form von Toleranzen geführt zu werden?

Es wurden in der Vergangenheit verschiedene Wege vorgeschlagen, die man in zwei Gruppen zusammenfassen kann, deren eine ich als empirischen Weg bezeichnen möchte, während sich die zweite Gruppe im wesentlichen auf verschiedene Zweige der Mathematik stützt.

Zu den mathematischen Verfahren

Großes Interesse verdienen nach meiner Meinung die mathematischen Lösungsversuche, da sie, wenn sie anwendbar sind, zweifellos ein hohes Maß an Objektivität besitzen. Hier sind es im wesentlichen drei Richtungen, die sich den Rang streitig machen. Einmal handelt es sich um die Anwendung der Fehlerrechnung, um die mathematische Statistik zweitens und schließlich um die Anwendung der Gesetze der Wahrscheinlichkeitsrechnung.

Fehlerrechnung und mathematische Statistik sind verschiedene Methoden, obwohl sich ihr mathematischer Apparat in Einzelfällen sehr gleichen kann.

Es kann zu unangenehmen Fehlern in den Schlüssen kommen, wenn diese Methoden — trotz gewisser rechnerischer Ähnlichkeiten — nicht auseinandergehalten werden. Das, was uns Koll. Dr. JAHNS erläutert hat, war in weiten Partien die Methodik der Fehlerberechnung: Ein und dieselbe Größe, die real existiert, messe ich 10-, 20-, 30mal in der Lagerstätte.

Unterschiede der gemessenen Werte können in diesem Falle nur Ungenauigkeiten der Messung sein. Die gemessene Größe existiert nur einmal, sie hat einen einzigen — den wahren Wert. Das ist Fehlerrechnung. Wenn ich die Mächtigkeit 24mal messe, bin ich keineswegs verpflichtet, den gleichen Wert zu erhalten. Im Gegenteil, 24 unterschiedliche Werte können reale, existierende Werte sein, weil sich die Mächtigkeit verändert.

Wenn ich aus diesen 24 Werten einen Mittelwert errechne, hat das grundsätzlich nichts mit der Fehlerrechnung zu tun. Den Durchschnittswert erhalte ich, indem ich alle 24 Werte als fehlerfrei betrachte und mit Hilfe der mathematischen Statistik einen Wert errechne, durch den das Kollektiv der 24 Einzelwerte am besten vertreten wird. Im Unterschied zur Fehlerrechnung gehe ich also nicht davon aus, daß e i n Wert real existiert, für den ich u. U. 24 ungenaue Angaben besitze, sondern davon, daß 24 reale Werte mit jeweils exakten Angaben vorliegen, für die ich einen — real vielleicht gar nicht in der Lagerstätte vertretenen — Wert suche, der das betrachtete 24köpfige Kollektiv am besten charakterisiert.

Dann folgt der nächste Schritt: Ich schließe von dem mir vorliegenden Kollektiv aus 24 Werten auf die Gesamtheit, d. h., ich setze voraus, daß die untersuchte Eigenschaft (z. B. der Gehalt) der g a n z e n Lagerstätte durch das vorliegende Kollektiv — die Stichprobe — richtig repräsentiert wird.

Die Fehlerrechnung ist bestenfalls in der Lage, die Fehlergröße in der Rechnung für e i n e b e s t i m m t e, der Untersuchung zugrunde liegenden Lagerstätte zu nennen. (Allerdings müßte noch geklärt werden, in welcher Form das Fehlerfortpflanzungsgesetz, d. h. der Einfluß der Einzelfehler bei der Berechnung der Hauptparameter, sich auf das Gesamtergebnis — den angegebenen Vorrat — auswirkt.)

Dabei wird jedoch die Frage überhaupt nicht berührt, also auch nicht geklärt, ob meine Stichproben die Lagerstätte richtig repräsentieren. Der Repräsentationsfehler steht nach wie vor in diesem Falle noch offen!

Mit Hilfe der Fehlerrechnung ist es außerdem völlig unmöglich, allgemein gültige Ungenauigkeitsgrenzen oder Toleranzen für die Kategorien festzulegen. Denn die unterlaufenen Fehler oder Ungenauigkeiten sind nicht konstant. Sie variieren von Fall zu Fall, sind stark subjektiv begründet. Außerdem ist die Fehlerrechnung nicht in der Lage, festzustellen, inwieweit die angegebene und um den möglichen Fehler verbesserte Vorratsziffer gesichert ist. Daher habe ich in der letzten Zeit wiederholt vorgeschlagen, größere Aufmerksamkeit der Wahrscheinlichkeitsrechnung und ihren Gesetzen zu widmen, da es auf diesem Wege möglich scheint, zwei wichtige Fragen zu klären:

1. die Wahrscheinlichkeit eines Vorrates, d. h. sein tatsächliches Vorhandensein in der angegebenen Größe;
2. die rechnerische Zusammenfassung von Vorräten verschiedener Klassen, um etwas Angenähertes zu den so hartnäckig gewollten „tatsächlichen" Vorräten einer Lagerstätte, d. h. außerhalb jeder zugestandenen Unklarheit, zu bekommen.

Wenn es gelänge, für unsere Zwecke einen einwandfreien Wahrscheinlichkeitskoeffizienten zu errechnen, dürfte es möglich sein, die Definitionen unserer Vorratsklassen durch den Hinweis zu ergänzen, daß die Wahrscheinlichkeit der Vorratsangaben z. B. nicht unter 0,9 oder 0,8 liegen darf.

Die Wahrscheinlichkeit an sich gibt jedoch nicht an, daß die Existenz des gegebenen Vorrats außer Zweifel steht.

Im Gegenteil, sie besagt nur, daß z. B. in 9 von 10 Fällen der Vorrat vorhanden ist.

Aber da wir durch unsere Erkundungsarbeiten die Vorräte bereits als existent festgestellt haben und die Diskussion nur noch über die Größe der Ungenauigkeit geht, könnte diese Wahrscheinlichkeit vielleicht auch in Toleranzangaben umgemünzt werden.

Die Wirtschaft hätte darüber hinaus noch die Möglichkeit, ausgehend von der errechneten Wahrscheinlichkeit für jede Klasse, die angegebenen Vorräte mit diesem Wahrscheinlichkeits-Koeffizienten zu multiplizieren und eine Ziffer zu erhalten, die zwar keineswegs zu geologischen Schlußfolgerungen Anlaß geben kann, die jedoch mit voller Berechtigung in die Berechnung der Wirtschaft eingehen und als Ersatz für die so oft geforderten und gewünschten „tatsächlichen Vorräte" dienen könnte.

Unsere entsprechenden Untersuchungen sind noch nicht abgeschlossen, so daß wir leider weder eine endgültige Stellungnahme zu diesem Problem beziehen noch Ergebnisse vorweisen können. Meine persönliche Meinung ist jedoch, daß nur auf diesem Wege etwas erreicht werden kann, was Anspruch auf Objektivität erheben kann und den Bedürfnissen der Wirtschaft entgegenkommt.

In diesem Falle wären die Wahrscheinlichkeitsangaben über die Vorräte zwar prinzipiell etwas anderes als Toleranzen, da sie die Wahrscheinlichkeit des Zutreffens der Vorratsangabe betreffen, und keineswegs wären sie gleichbedeutend mit der Größe des Fehlers der Angabe, die von 0 bis 100 schwanken könnte. Volkswirtschaftlich jedoch würden sie die gleiche Aufgabe übernehmen.

Empirische Verfahren

Wiederholt wurde vorgeschlagen, die Erkundungsergebnisse mit den berechneten Vorräten jenen gegenüberzustellen, die tatsächlich beim Abbau erhalten wurden. Dieser Weg hat zweifellos Anspruch auf größte Beachtung, da er objektive Hinweise für evtl. einzuführende Toleranzen geben würde. In der Praxis hat sich allerdings gezeigt, daß dieser Weg schwer beschreitbar ist, einerseits weil die Abbaufortschritte zu langsam sind, so daß Ergebnisse nur sehr schleppend, sehr spät erhalten werden. Hinzu kommt, daß nur in den seltensten Fällen Abbau- und Erkundungsgrenzen übereinstimmen, nur sehr selten eine genaue Berechnung der aufgetretenen Verluste möglich ist, wodurch die Exaktheit der festgestellten Ziffern in Frage gestellt ist. Wenn man andererseits einen Lagerstättenteil — oder eine ganze Lagerstätte —, der in der Vergangenheit erkundet worden ist, mit den heutigen Abbauergebnissen vergleichen würde, käme man in den meisten Fällen ebenfalls zu ungenauen Daten, da bei uns in der Vergangenheit Lagerstätten nicht so erkundet wurden, wie es die Instruktionen der Zentralen Vorratskommission gegenwärtig vorschreiben.

Aus diesem Grunde sind zwar das Studium dieser Unterlagen und entsprechende Vergleiche nach wie vor aktuell, jedoch wird immer wieder der Versuch unternommen, auf anderen Wegen schneller zu einem Ergebnis zu kommen.

Wir haben neuerdings einen dritten Weg eingeschlagen: Wir benutzen die Unterlagen, die vorhanden sind — wenn sie ausreichen und den Vorschriften entsprechen —, um auf ihrer Grundlage die Vorräte neu zu berechnen und solche Neuberechnungen mit den Vorräten, die wir tatsächlich dort abgebaut haben, zu vergleichen. Ergebnisse liegen noch nicht vor, aber zweifellos haben derartige Zahlen — meiner Meinung nach — großen objektiven Wert.

Auch der Vorschlag von Prof. OELSNER gehört zu der empirischen Gruppe.

Er verlangt die Festlegung einer Toleranzgrenze für jede Kategorie und fordert, daß bei der Erkundung eine solche Dichte der Beobachtungen angestrebt und erreicht wird, die die Einhaltung dieser Fehlergrenzen gewährleistet. Im Grunde ist das nichts anderes als das, was von der Zentralen Vorratskommission in ihren Instruktionen festgelegt wird, um eine bestimmte Kategorie zu erreichen. Neu an dem Vorschlag ist somit lediglich, daß im Unterschied zur ZVK die jeweilige Kategorie mit einer bestimmten Toleranz definiert wird. Das löst jedoch nicht das Problem und weist uns vor allem auch keinen Weg, der zur Bestimmung dieser Toleranzen führen könnte. Nicht zu Unrecht sagt Prof. OELSNER in seinem Aufsatz auf Seite 324: „Man kann sich nun darüber streiten, wie groß die zulässige Toleranz in den einzelnen Kategorien sein soll."

Die Forderung nach Toleranzen war in der Vergangenheit und ist in der Gegenwart auch unter unseren Geologen in der DDR stark verbreitet. Die Toleranzen gaben Grenzwerte, innerhalb deren sich die tatsächlichen Vorräte zu bewegen hatten. Sie wurden dabei von einem Teil der Geologen so ausgelegt, daß die angegebene Mindestmenge, d. h. Vorratsziffer minus Toleranz, zugleich die garantierten Vorräte waren. Es besteht natürlich kein Zweifel darüber, daß die Garantie selbst für diese Mindestmenge in den seltensten Fällen tatsächlich übernommen werden konnte. Es handelte sich lediglich um eine gewisse moralische Verpflichtung des Erkundungsgeologen, jedoch keineswegs um objektive, garantiert vorhandene Vorräte.

Nun zum Vorschlag vom Koll. Dr. JAHNS:

Es ist immer angenehm, eine Arbeit vom Koll. Dr. JAHNS zu lesen, weil diese Arbeiten stets sehr klar sind; man kann sofort sagen: Damit bin ich einverstanden und damit nicht, oder, da habe ich Bedenken und kann das dann sofort nachrechnen. Ich habe im Grunde — von Kleinigkeiten abgesehen — bis zur Seite 21[1]) keine Einwendungen. Ich bin damit einverstanden. Das ist in Ordnung.

Aber auf Seite 23[2]) sagt und bestätigt uns Koll. Dr. JAHNS das, was ich einmal deutlich formuliert habe, nämlich daß seine Aussagesicherheit nicht mathematisch begründet, sondern eine subjektive Einschätzung ist. Dort heißt es:

„Die durch die geologischen Verhältnisse im unbekannten Gebiet bedingte Unsicherheit wird durch eine besondere geschätzte (hervorgeh. v. F. S.) Aussagesicherheit S_{geol} erfaßt." [3])

Bei der Zusammenfassung der mathematisch errechneten mit der geschätzten geologischen Unsicherheit spielt die Mathematik praktisch keine Rolle mehr. Alles hängt davon ab, wie groß oder klein die geschätzte geologische Unsicherheit ist.

Wir kommen damit zu der Feststellung, daß trotz des großen mathematischen Apparates auch bei Dr. JAHNS die Aussagesicherheit in hohem Maße subjektiv ist.

Ich kann mich nicht erinnern, in welcher Arbeit Dr. JAHNS sinngemäß etwa gesagt hat: „Wir nehmen an, daß bei jeder Klasse ein bestimmter Erkundungsumfang durchgeführt wird, der uns eine Aussagesicherheit von etwa 100% gewährleistet. Wenn dieser Erkundungsplan nicht durchgeführt wird, ist entsprechend nur eine Aussagesicherheit von 95% usw. vorhanden."

Im Grunde beschreitet Dr. JAHNS den gleichen Weg, den die Klassifikation und die Instruktionen der ZVK in der DDR vorzeichnen, d. h., er verlangt die Erfüllung eines vorgeschriebenen Erkundungsprogramms für jede Klasse. Sein Vorschlag unterscheidet sich von unserer Praxis lediglich dadurch, daß ein Vorrat selbst bei Nichterfüllung des vorgeschriebenen Erkundungsprogramms in einer Vorratsklasse bleiben kann.

Dafür gibt er verschieden große Aussagesicherheiten über die Einhaltung der gültigen Toleranzen. Uns scheint, daß dieser Vorschlag nicht weiterhilft. Praktisch führt er zu einer Zersplitterung der einzelnen Vorratsklassen nach der Aussagesicherheit. Wir halten es für richtiger, wenn so verfahren wird, wie wir es in der DDR tun, und zwar, daß bei Nichterfüllung des vorgegebenen Erkundungsprogramms der Vorrat entsprechend niedriger, d. h. in 1, 2 oder soviel Klassen, wie sich als notwendig erweist, eingestuft und geführt wird.

[1]) „Erzmetall", S. 342 bis Punkt 2.
[2]) „Erzmetall", S. 342, Punkt 4.
[3]) Zitiert nach „Erzmetall", S. 342.

Einige Bemerkungen zur zweiten Frage, zur Differenzierung der Toleranzforderungen für die einzelnen Klassen

Ebenso wie bei allen erwähnten empirischen Verfahren war es früher bei uns üblich, für die einzelnen Klassen unterschiedliche Toleranzwerte, wachsend in der Richtung zu den niederen Klassen, anzuwenden. Ich habe seit Jahren nachzuweisen versucht, daß diese Toleranzen gegenwärtig, d. h. nach der Bestätigung der in der DDR gültigen Vorratsklassifikation, überflüssig sind und keiner zusätzlichen Definition bedürfen, daß die Vorratsberechnung selbst dadurch nicht gewinnt und nicht genauer wird, daß vor allem auch die Wirtschaftsorgane mit diesen Toleranzen nichts anfangen können, da — Dr. JAHNS hat in „Glückauf" darauf hingewiesen — u. a. selbst die angegebene Mindestmenge keineswegs garantiert werden kann.

Unsere ganze Tätigkeit als Lagerstättenerkunder gründet sich darauf, daß vorausgesetzt wird, auf dem Wege der geologischen Erkundung eine Stichprobe zu erhalten, die ein getreues Bild der Lagerstätte vermittelt. Bei einem sehr großen Umfang dieser Stichprobe ruft dieser Anspruch kaum Zweifel hervor. Zweifel entstehen allerdings dann, wenn der Umfang dieser Stichprobe dem erkundeten Objekt als äußerst kleine Minderheit gegenübersteht. In einem solchen Fall erhebt sich die Frage nach der Größe des Repräsentationsfehlers, den diese Stichprobe, verglichen mit der Grundgesamtheit, aufzuweisen hat. Die Berechnung dieses Repräsentationsfehlers ist zur Zeit noch umstritten. Wenn wir jedoch davon ausgehen, daß die geologischen Erkundungsergebnisse ihrem Wesen nach Stichproben über Lagerstätteneigenschaften sind, dann dürfte meine Feststellung in den „Freiberger Forschungsheften" nicht zu widerlegen sein, wonach die Ungenauigkeit der Angabe nicht davon abhängig ist, wie groß die Grundgesamtheit, d. h. das erkundete Lagerstättenstück ist, sondern wieviel Einzelwerte in der Stichprobe vorliegen, welche zur Beurteilung dieses Teils der Lagerstätte herangezogen wird. Erfahrungsgemäß wächst die Schwierigkeit einer adäquaten Wiedergabe eines Lagerstättenmerkmales durch die Stichprobe mit der Veränderlichkeit des Lagerstättenmerkmales selbst. Wenn wir jedoch davon ausgehen, daß der Typ der Veränderlichkeit eines Lagerstättenmerkmales für die gesamte Lagerstätte der gleiche ist, z. B. zufällig, d. h. chaotisch, dann ist das Ergebnis nur abhängig von der Anzahl der vorliegenden Einzelwerte. Dabei ist es vom Standpunkt der mathematischen Statistik völlig gleichgültig, wie unterschiedlich große Lagerstättenteile durch eine gleich große Anzahl von Einzelwerten beleuchtet werden. Das Merkmal wird in jedem Fall mit dem gleichen Grad der Genauigkeit wiedergegeben. Wenn das aber so ist, dann ist es völlig unbegründet, in dem einen Fall eine kleinere und in dem anderen Fall eine größere Toleranz oder zulässige Fehlergrenze anzunehmen. Denn es ist ganz gleich, ob ich auf einem Block, der die Größe für A_2 hat, 24 Werte nehme, oder ob ich die ganze Lagerstätte nehme und 24 Werte sammle, der Durchschnitt ist, mathematisch gesehen, gleichwertig. Er hat nur ein kleines Häkchen, der sogenannte Erkundungsfaktor ist unberücksichtigt, d. h. die Art und Weise, wie meine Daten gesammelt worden sind. Die Lösung dieser Frage ist noch unklar. Das, was unsere sowjetischen Kollegen vorgeschlagen haben, hält — ich habe diese Fragen einmal zu analysieren versucht — meiner Meinung nach einer strengen Kritik nicht stand.

Wir haben somit, trotz jahrzehntelanger Arbeiten unserer sowjetischen Kollegen, noch keine einwandfreie Methode für diesen Erkundungsfaktor.

Wenn ich aber von diesem Erkundungsfaktor absehe, dann habe ich nur das mathematische Gerippe, und da entscheiden eben Einzelwerte, d. h., je größer die Anzahl der Einzelwerte, um so genauer mein Mittelwert.

Es ist wissenschaftlich daher durchaus begründet, wenn wir in diesem Zusammenhang erklärt haben, daß unsere Klassen A_2, B und C_1 sich nicht durch die Genauigkeit der Mengenangabe unterscheiden, sondern durch die Genauigkeit der Aussage über Verteilung und Lagerung im Raum, über bergbautechnische, technologische und andere Angaben und durch die Detailliertheit dieser Aussagen. In einem Fall bezieht sie sich auf einen relativ kleinen Abbaublock, in einem anderen Fall auf eine ganze Lagerstätte oder sehr große Teile dieser Lagerstätte. Die ziffernmäßige Genauigkeit in der Angabe ist jedoch gleich groß. In einem Fall, z. B. bei A_2-Vorräten, wissen wir detailliert Bescheid über die Verteilung auf einen relativ kleinen Raum. Im anderen Fall wissen wir genauso Bescheid, jedoch nur über die großräumige Verteilung dieser Dinge. Ich habe als Beispiel daran erinnert, daß ein Geologe durchaus begründet für eine Lagerstätte einen Vorrat garantieren kann und es berechtigt ablehnt, die Garantie dafür zu übernehmen, daß in $^1/_{10}$ oder $^1/_{20}$ der Lagerstätte etwa $^1/_{10}$ oder $^1/_{20}$ der von ihm genannten Vorräte vorhanden ist. Vielmehr muß er damit rechnen, daß in einem jedem dieser Teile die Vorräte größer oder kleiner als der genannte Bruchteil sind, was jedoch keineswegs ausschließt, daß die Gesamtheit der Vorräte haargenau mit der von ihm angegebenen Gesamtsumme übereinstimmt. D. h., es spielt hier noch das Gesetz der großen Zahl eine Rolle. Aus diesem Gesetz folgt weiter: Je kleiner der Block ist, den ich betrachte, je kleiner die Einheit ist, ganz gleich, in welcher Kategorie ich sie erkundet habe, um so größere Abweichungen werde ich haben; und eine je größere Fläche ich betrachte oder wenn ich 20 oder 50 Blöcke zusammen betrachte, um so genauer wird das, was ich während des Abbaues erhalte, mit dem übereinstimmen, was ich vorausgesagt habe.

Aus all diesen Erwägungen heraus lehne ich, allerdings stehe ich da auch bei uns in der DDR relativ allein, die unterschiedlichen Toleranzen für die Klassen A_2—C_1 ab, da es sich hier um Vorräte handelt, die durchaus gleichwertig in ihrer Aussagekraft über die Vorratsmenge sind, die sich jedoch in ihrer Detailliertheit unterscheiden. Gestützt auf diese Tatsachen, habe ich eine größere Unsicherheit als für diese Klassen bis C_1 lediglich für C_2 vorgeschlagen, weil auf Grund der Definition unserer Klassifikation und der dazugehörigen Instruktionen die unvollständigen Erkundungsunterlagen für diese Klasse ein größeres Moment der Unsicherheit hineintragen.

Ich bitte die Kollegen, bei der Diskussion und zum Verständnis meiner Darlegungen davon auszugehen, daß unsere Klasse C_2 im wesentlichen den Vorräten der Klasse B im Westen entspricht und unsere Klassen A_1 bis C_1 einschließlich lediglich Unterschiedliches aussagen über die sog. „sicheren" Vorräte des Westens.

Ich fasse zusammen: Da zur Zeit eine exakte Berechnung der Toleranzen nicht möglich ist, schlage ich vor, auf eine derartige Festlegung so lange zu verzichten, bis entsprechende Untersuchungen zu einem positiven Ergebnis geführt haben.

Da die Erkundungsdaten dem Wesen nach eine Stichprobe sind und in die mathematische Formel für den Durchschnittswert die Grundgesamtheit nicht eingeht, ist es wissenschaftlich unbegründet, für verschiedene Klassen verschiedene Toleranzen einzuführen, solange der Einfluß des Erkundungsfaktors noch nicht geklärt ist und dies evtl. nötig macht. Wir DDR-Geologen haben daher unsere Klassen ohne Toleranzen definiert. Die in den Klassen enthaltene Unsicherheit ist allgemein und gleich für alle Klassen, die als Grundlage für Investitionen dienen. Die Unsicherheit der C_2-Vorräte wird bei uns berücksichtigt, da sie nicht für Investitionen herangezogen werden dürfen. Eine Festlegung der Toleranz für unsere „wahrscheinlichen", d. h. C_2-Vorräte und die „möglichen" Vorräte oder, wie wir sie nennen, prognostischen Vorräte, ist, selbst wenn wir hier zu einer Einigung kämen, subjektiv, kann sich als unrichtig erweisen und ist in hohem Maße willkürlich.

Mir scheint es richtig zu sein, die Unsicherheit, die in den Kategorien steckt, dadurch zu neutralisieren, daß in der Klassifikation der Vorräte genaue Vorschriften darüber festgelegt werden, wozu Vorräte dieser Kategorien die Wirtschaft berechtigen. Diese Definition der volkswirtschaftlichen Bedeutung der Vorräte macht einen wesentlichen Bestandteil unserer Klassifikation aus. Mir scheint, daß sie auch in einer zukünftig international zu vereinbarenden Klassifikation keinen unbedeutenden Platz einnehmen darf.

Was die von Dr. JAHNS aufgeworfene Frage der Sicherung oder der Garantie der Existenz des Vorrats betrifft, so besteht der Nachweis der Existenz des Vorrats in der Erkundung selbst. Vorräte, die erkundet wurden, können berechnet werden. Vorräte, die berechnet werden können, sind da. Nur Vorräte, die auf Grund unzureichender Unterlagen oder auf Grund von Hypothesen nicht berechnet, sondern geschätzt werden, sind in ihrer Existenz fragwürdig. Daher scheint es mir wichtig, daß man zwischen berechneten und geschätzten Vorräten unterscheidet. Geschätzte Vorräte werden in Zukunft bei uns lediglich prognostische Vorräte sein. Die Existenz dieser Vorräte ist immer problematisch. Heute bereits über diese Vorratsgruppe Konkretes zu sagen, ist deshalb unmöglich, weil diese Vorräte bisher bei uns noch zu wenig studiert wurden und die D-Gruppe nur als Vorschlag für die zukünftige Änderung der Klassifikation vorliegt. Wahrscheinlich wird sich herausstellen, daß man bei diesen prognostischen Vorräten ebenfalls differenzieren muß.

Ich bin mir darüber im klaren, daß die Anwendung der Wahrscheinlichkeitsrechnung in unserer Arbeit auf große Schwierigkeiten stoßen wird. Doch ich stimme völlig mit Prof. BLONDEL überein, der seinerzeit in seinem Berlin-Vortrag die Aufgabe gestellt hat, eine echte Wahrscheinlichkeitstheorie der geologischen Erkundung zu entwickeln.

Richtig und wichtig ist, zunächst die Verteilungsgesetze der Lagerstättenmerkmale zu studieren. In Zukunft wird vermutlich eines der Hauptziele der Erkundung sein, diese Verteilungsgesetze für jede konkrete Lagerstätte festzustellen und, ausgehend von den festgestellten Verteilungen der Lagerstättenmerkmale, die mathematischen Verfahren zu bestimmen, mit deren Hilfe aus den Einzelangaben durchaus verläßliche Parameter für die Bewertung der Lagerstätte berechnet werden können.

Dann werden wir keine Fälle haben, wo wir sagen müssen: Der arithmetische Mittelwert entspricht nicht dem tatsächlichen Mittel, wie es z. B. DE WIJS getan hat. (Das ist derselbe Standpunkt, wie ihn Koll. OELSNER vertritt.)

Wir haben nach allgemeinen Feststellungen für die meisten Erzlagerstätten eine Verteilung, die linksschief ist — also eine asymmetrische Verteilung, die der logarithmischen Verteilung sehr nahe kommt. Diese hat wiederum sehr große Ähnlichkeit mit der binomalen Verteilung, die DE WIJS angenommen hat.

Mir scheint, wenn dieses Verteilungsgesetz der Lagerstättenmerkmale bei der Erkundung bestimmt worden ist, dann gewinnen unsere Ergebnisse stark an Bedeutung, dann können wir mit viel größerer Sicherheit als heute Angaben über die Vorräte machen, die in der Lagerstätte sind.

Ich vertrete sogar den Standpunkt, daß es mit Hilfe der mathematischen Statistik in ihrer vernünftigen Anwendung auf die Geologie und Lagerstättenerkundung — d. h. also keine sog. Zahlenspielerei, sondern in jeder mathematischen Operation muß auch ein geologischer Sinn stecken —, daß uns eine solche Anwendung der mathematischen Statistik in der Lagerstättenerkundung eine Reihe neuer, gesetzmäßiger Zusammenhänge geologischer und anderer Art andeuten wird, die wir dann mit geologischen Mitteln verfolgen müssen.

Zur Theorie der Vorratsberechnung von Begleit- oder Spurenelementen

KARL-HEINZ BINTIG, Berlin

Zu diesem Thema erschien im Jahre 1957 ein Artikel von I. P. SCHARAPOW (1), in dem eine Arbeit von B. I. GALKIN (2) kritisch untersucht und ein neues Verfahren zur Darstellung der korrelativen Abhängigkeit zwischen den Gehalten an Haupt- und Spurenelementen vorgeschlagen wird. Wegen der Bedeutung der Schaffung einer einheitlichen Theorie dieser Verfahren werden im folgenden nur die Vorschläge von SCHARAPOW untersucht. Im Hinblick auf den eigentlichen Rechengang — Prüfung auf Linearität, Berechnung des Korrelationskoeffizienten und der Regressionsgleichung usw. — wird zunächst auf die Darlegungen in der Literatur verwiesen (3—5); die Fragen der Auswahl und Ermittlung der Versuchswerte und der Berechnung werden, falls es sich als notwendig erweist, an einem Beispiel später behandelt.

Angesichts der Forderung nach einer komplexen Nutzung der Lagerstättenvorräte ist es notwendig, in Zukunft auch die darin enthaltenen Mengen an Spurenelementen zu bestimmen. Dabei wird in den meisten Fällen eine Vollanalyse nur für eine geringe Anzahl von Proben vorliegen, während für die Hauptelemente allein eine sehr große Anzahl von Bestimmungen durchgeführt wurde. In manchen Fällen kann nun eine Beziehung zwischen den Gehaltswerten der Hauptelemente und denen der Spurenelemente angenommen werden, wie z. B. bei Pb mit Ag und Zn mit Cd. Die Aufgabe besteht darin, die Form und den Grad der Abhängigkeit zwischen den Gehalten an Elementen zu bestimmen und die Funktionsgleichung aufzustellen, um dann über die Gehalte an Hauptelementen allein, also ohne die kostspieligen Untersuchungen aller Proben auf die Nebenkomponenten, eine Vorratsberechnung für diese durchzuführen.

Der Zusammenhang zwischen Gehaltswerten verschiedener Komponenten kann nur korrelativer Art sein. Im Gegensatz zu einer funktionalen Abhängigkeit, bei der jedem Wert der einen Veränderlichen x nur ein Wert der anderen Veränderlichen y fest zugeordnet ist, entspricht bei einer korrelativen Abhängigkeit einem gegebenen Gehaltswert x der einen Komponente eine ganze Reihe von Gehaltswerten y der anderen Komponente. Die Gehaltswerte y streuen also; bei der Darstellung im Koordinatennetz erhält man einen Punkteschwarm, an Hand dessen zunächst meist nur eine solche Aussage, wie z. B., daß bei Erhöhung der Gehaltswerte x auch eine Erhöhung der Gehaltswerte y auftritt, möglich ist. Im folgenden soll davon ausgegangen werden, daß die gesuchte Abhängigkeit im Hinblick auf die Parameter der Funktion, durch welche sie dargestellt wird, linear ist, daß sich also die Ausgangswerte bzw. transformierte Werte durch eine Gerade ausgleichen lassen. Das wird in vielen Fällen möglich sein.

Man bezeichnet die Gerade, welche die Abhängigkeit $y = f(x)$ darstellt, als Regressions- oder Beziehungsgerade. Eine Gerade mit dem Richtungsfaktor $\operatorname{tg}\alpha = b$ und einem Schnittpunkt mit der y-Achse im Abstand a vom Koordinatenanfangspunkt hat die Gleichung $y = a + bx$. Die Werte von a und b werden so berechnet, daß die Summe der quadratischen Abweichungen der einzelnen Punkte von der Regressionsgeraden in Richtung der y-Achse ein Minimum wird.

Die praktische Bedeutung des Regressionskoeffizienten b besteht darin, daß er angibt, um wieviel Einheiten der Wert y im Durchschnitt zunimmt, wenn der Wert x um eine Einheit wächst.

Es ist nun jedoch zu beachten, daß es im Fall einer korrelativen Abhängigkeit immer zwei Regressionsgeraden gibt. Bisher wurde nur die Regression von y auf x betrachtet, d. h. für einen gegebenen Wert von x aus den Versuchsdaten der wahrscheinlichste Wert von y berechnet. Es läßt sich nun jedoch auch die Regression von x auf y bestimmen. Für diese Berechnung gilt die Forderung, daß die Summe der quadratischen Abweichungen der einzelnen Punkte von der Regressionsgeraden in Richtung der x-Achse ein Minimum wird.

Da es nur bei einer funktionalen Abhängigkeit gleichgültig ist, ob x in y oder y in x ausgedrückt wird, erhält man hier, wenn man die zweite Regressionsgleichung ebenfalls nach y auflöst, zwei Gleichungen für den gesuchten Gehalt. E. WEBER (3) schreibt dazu: „Die Regressionsgeraden sind dagegen nicht auseinander ableitbar. Gegebenen Werten der einen Veränderlichen lassen sich nicht bestimmte Werte der anderen zuordnen. Zu einem gegebenen Wert von x gehören verschiedene Werte von y, von denen keiner mehr Wahrscheinlichkeit hat, für denjenigen Wert zu gelten, welcher dem entsprechenden x-Wert entspricht, als die anderen.“ Beide Geraden haben nur einen Punkt, ($\bar{x}$, $\bar{y}$), gemeinsam; die Differenzen zwischen den y-Werten für den gleichen x-Wert können beträchtlich sein. So berechnete z. B. SCHARAPOW an Hand von 32 Mischproben für die Regression von x auf y (x = Gehalt an Zn in %; y = Gehalt an Cd in %) die Gleichung $x = 223y + 0{,}4$ und aus der Auflösung der Regressionsgleichung von y auf x die zweite Gleichung für x zu $x = 417y - 2{,}1$. Berechnet man aus den beiden Gleichungen für einen gegebenen Cd-Gehalt den entsprechenden Zn-Gehalt, so ergeben sich große Unterschiede. Das gleiche gilt, wenn für einen gegebenen Zn-Gehalt der entsprechende Cd-Gehalt berechnet werden soll: Die Regressionsgleichung von y auf x weicht von der aus der Auflösung der Regressionsgleichung von x auf y erhaltenen zweiten Gleichung ab. SCHARAPOW ist der Meinung, daß keine der beiden Ausgangsgleichungen in hinreichendem Maße genau ist, weil jede die Priorität der Bestimmung der einen Größe zur Voraussetzung hat und davon ausgeht, daß die zweite Größe nur eine Folge des Auftretens der ersten darstellt, während in Wirklichkeit beide Größen „gleichberechtigt“ und von irgendeiner dritten Größe abhängig sein können. Er ist der Meinung, daß die wahre Gleichung jeweils irgendwo zwischen den beiden berechneten Regressionsgleichungen liegt und schlägt deshalb ein empirisches Verfahren zur Aufstellung einer einzigen Gleichung für jede der beiden Aufgabenstellungen vor. Sollen z. B. zu gegebenen Werten von y die Werte von x bestimmt werden, so erhält bei SCHARAPOW jede der beiden Gleichungen, die in der Form $x = ay + b$ (die ursprüngliche Regressionsgleichung von x auf y) und $x = dy + e$ (aus der Auflösung der Regressionsgleichung von y auf x nach x) vorliegen, einen Koeffizienten p bzw. q, wobei $p + q = 1$, worauf dann die gesuchte Gleichung $x = f(y)$ zu $x = (pa + qd)y + (pb + qe)$ aufgestellt wird. Dementsprechend läßt sich auch eine derartige „mittlere“ Gleichung finden, wenn zu gegebenen Werten von x die Werte von y berechnet werden sollen. Diese beiden Gleichungen unterscheiden sich natürlich bedeutend weniger voneinander als die beiden Ausgangsgleichungen. Zur Festlegung der Koeffizienten für die beiden Regressionsgleichungen, aus denen jeweils die mittlere Gleichung berechnet wird, schreibt SCHARAPOW, daß im Falle der „Gleichberechtigung“ der beiden Elemente, d. h., wenn der Zusammenhang zwischen den Gehalten in der Richtung $y = f(x)$ geologisch genauso überzeugend wie in der anderen Richtung $x = f(y)$ ist, jeder Gleichung der Koeffizient 0,5 beigeordnet wird. Für das angeführte Beispiel würde sich also bei $p = q = 0{,}5$ für die Regression von x auf y die mittlere Gleichung zu $x = 321y - 0{,}81$ ergeben. Wenn jedoch auf Grund geologischer Erkenntnisse (z. B. bei teilweiser Kristallisation eines Minerals innerhalb des anderen) eine der Gleichungen stärkeres Gewicht hat, so sind Koeffizienten wie 0,6/0,4 oder 0,8/0,2 anzuwenden. Im Falle $p = 1$, $q = 0$, d. h. bei einseitiger Abhängigkeit, wird also eine der beiden Ausgangsgleichungen verwendet. Wie in einzelnen praktischen Fällen nun die Koeffizienten festgelegt werden, ist nicht angegeben.

Abgesehen davon, daß durch die Festlegung von Koeffizienten ein subjektiver Einfluß auftritt und zudem diese Festlegung, wie angedeutet wird, offenbar nicht einfach ist, so treten doch hinsichtlich der grundsätzlichen Richtigkeit dieses Verfahrens Zweifel auf. SCHARAPOW selbst bemerkt, daß sich die Theoretiker der mathematischen Statistik skeptisch gegenüber der Möglichkeit der Festlegung einer einzigen Regressionsgleichung verhalten. Die Existenz zweier Gleichungen ist dadurch bedingt, daß eine Abhängigkeit theoretisch immer wechselseitig ist. Wie BROWNLEE (4) bemerkt, handelt es sich um zwei verschiedene Aufgaben — unter Verwendung einer bestimmten Anzahl von Versuchswerten soll der beste Schätzwert der einen Größe für einen gegebenen Wert der anderen gefunden werden. In einem Fall wird x als bekannt angesehen und y wird berechnet, im anderen Fall wird y als bekannt vorausgesetzt und x soll berechnet werden. Deshalb ist es nicht verwunderlich, daß zwei Funktionen verwendet werden.

Von den beiden Fragestellungen ist nun jedoch praktisch fast stets nur eine und damit auch nur eine der beiden Regressionen sinnvoll, wie von WEBER und HALD (5) unterstrichen wird. Dabei handelt es sich fast immer um die Regression der natürlichen Abhängigen auf die natürliche Unabhängige. Für die Vorratsberechnung von Spurenelementen ist also zu prüfen, welcher der beiden Gehaltswerte abhängig und welcher unabhängig ist.

Für das Verhältnis Hauptelement zu Spurenelement kann eine Abhängigkeit — vorausgesetzt, sie ist überhaupt vorhanden, was aber nicht immer der Fall zu sein braucht — nur in der Form vorliegen, daß die Gehaltswerte des Spurenelementes von den Gehaltswerten des Hauptelementes abhängen. Die umgekehrte Annahme ist nicht sinnvoll, da sie den natürlichen Prozessen der Mineralbildung und ihren Gesetzmäßigkeiten widerspricht. Bezeichnet man wie üblich mit y die abhängige Größe, so ist für Vorratsberechnungen von Spurenelementen bei Vorliegen einer Korrelation in jedem Fall nur die Regressionsgleichung $y = f(x)$, also $y = bx + a$, zu verwenden, d. h., es werden die Gehalte des Hauptelementes als gegeben betrachtet. Damit decken sich hier die theoretisch sinnvolle und die praktische Aufgabenstellung.

Das Vorhandensein eines nachweisbaren korrelativen Zusammenhanges ist in erster Linie durch die Form des Auftretens der Spurenelemente im Erz bedingt. Nach SCHARAPOW sind drei Formen möglich:

1. als isomorphe Beimengungen im Kristallgitter anderer Stoffe — wie z. B. Cd in ZnS;
2. elementar oder als Verbindung innerhalb der Kristalle anderer Stoffe — wie z. B. Au in FeS_2;
3. als selbständige Minerale, verbreitet innerhalb anderer Minerale — wie z. B. Sb in Hg-Lagerstätten.

Kommt das Spurenelement nur oder zumindest stark überwiegend in der ersten, d. h. in der gebundenen Form vor, und besteht irgendeine mehr oder weniger starke Abhängigkeit der Gehaltswerte voneinander, so wird man einen korrelativen Zusammenhang nachweisen können. Tritt das Spurenelement zusätzlich noch in der zweiten bzw. dritten, d. h. in den freien Formen auf, so bleibt ein korrelativer Zusammenhang nur dann bestehen, wenn die Verteilung des Spurenelementes in den freien Formen zufällig und die Streuung der Gehaltswerte für den freien Anteil nicht so groß ist, daß dadurch der korrelative Zusammenhang zwischen den Gehalten für das Hauptelement und für den gebundenen Anteil des Spurenelementes überdeckt wird. Liegt das Spurenelement nur in der zweiten und dritten Form vor, so kann eine Abhängigkeit, die in Form einer Regressionsgleichung dargestellt werden kann, oft nicht erwartet werden.

Zeitschrift für angewandte Geologie (1959) Heft 12

Wendet man diese Überlegungen z. B. auf die Berechnung der Vorräte von Ag, Cd und In für die Freiberger Lagerstätten an, so wird eine Korrelation zwischen Pb und Ag nur für die fba- und die kb-Formation bestehen, weil dort das Ag vorwiegend im Gitter des Pb bzw. in geringer Menge als Fahlerz im PbS auftritt. Für die eb-Formation wird wegen der freien Ag-Mineralien der Zusammenhang weit schwächer sein bzw. ganz fehlen. Für Cd und In dagegen, die fast ausschließlich an ZnS gebunden sind, kann eine Korrelation möglich sein.

Es zeigt sich also, daß die von SCHARAPOW vorgeschlagene Methode der Berechnung einer „mittleren“ Regressionsgleichung dem Charakter des Untersuchungsgutes widerspricht und nicht anwendbar ist. Es sind grundsätzlich nur zwei Entscheidungen möglich: Entweder liegt Korrelation vor, die dann nur als $y = f(x)$ betrachtet werden und für die Vorratsberechnung verwendet werden darf, oder es liegt keine Korrelation vor. Die Regressionsgleichung $x = f(y)$ darf nicht verwendet werden. Diese Feststellung kommt besonders klar in dem von SCHARAPOW angegebenen Beispiel für Zn und Cd zum Ausdruck. Da freie Cd-Mineralien, wie CdS, sehr selten sind, dürfte das Cd fast ausschließlich an ZnS gebunden sein. Die Annahme einer Abhängigkeit des Zn-Gehaltes vom Cd-Gehalt und damit die Verwendung der Gleichung $x = f(y)$ ist nicht möglich.

Literatur

1. SCHARAPOW, I. P.: Zur Theorie der Vorratsberechnung von Begleitelementen; Rasvedka i Ochrana Nedr, 1957, H. 1.
2. GALKIN, B. I.: Über eine Methode zur Aufdeckung quantitativer gegenseitiger Abhängigkeiten zwischen den Komponenten von Bodenschätzen; Trudy WIMS, I, 1949.
3. WEBER, E.: Grundriß der biologischen Statistik für Naturwissenschaftler, Landwirte und Mediziner; Jena 1957.
4. BROWNLEE, K. A.: Industrial Experimentation; 1947.
5. HALD, A.: Statistical Theory with Engineering Applications; New York — London, 1952.

Ein hydraulisch lösbarer Rohrfänger[1)]

G. M. SCHTSCHERBAK

Gegenwärtig verwendet man den fabrikmäßig hergestellten Rohrfänger zur Bergung von Futterrohren aus Bohrlöchern. Es zeigte sich beim Einsatz dieses Gerätes, daß es nicht immer gelang, den im Rohr festsitzenden Rohrfänger zu bergen. Um diesen Mangel abzustellen, verbesserten die Arbeiter der technischen Abteilung von „Kiseluglegeologija“ die Konstruktion dieses Gerätes derart, daß der verbesserte Rohrfänger hydraulisch wieder gelöst werden kann.

Nachstehend soll die zusätzliche Konstruktion zum fabrikmäßig hergestellten Rohrfänger beschrieben werden: Auf den Rohrfängerkorpus (1) wird ein Ventilkorpus (2) aufgeschraubt, der nach oben von der Überwurfmutter (3) verschlossen wird. Im Ventilkorpus befinden sich eine Anschlagbuchse (4), eine Feder (5), ein Kugelhalter (6), eine Kugel von 30 mm Durchmesser und ein Stutzen (8).

Soll das Gerät beim Einsatz gebraucht werden, schraubt man den Rohrfänger an das Gestänge und führt ihn auf die gewünschte Tiefe des Bohrloches. Steht das Gerät an der Einsatzstelle, gibt man mit Hilfe der Pumpe über das Gestänge Spülflüssigkeit zum Rohrfänger. Der Druck öffnet das Kugelventil, und die Flüssigkeit drückt in das Innere des Gerätes. Der Druck wirkt zunächst auf den Kolben (9) und drückt diesen mit der Kolbenstange (10) nach unten, wobei die Feder (11) gespannt wird.

Die Teile, die mit der Kolbenstange verbunden sind, gleiten über die konische Oberfläche des Rohrfängers bis zum Angreifen der 3 Backen (13) an der Futterrohrwandung. Die Backen, verstellbar durch Schrauben (12), finden im Inneren des Rohres beim Ausfahren ein Widerlager und schneiden sich in diese sehr fest ein. Um sich zu überzeugen, ob die Backen des Rohrfängers festsitzen, schaltet man die Pumpe aus und versucht, das Gestänge zu ziehen. Je nach Widerstand kann man das Greifen der Backen feststellen. Die Flüssigkeit bleibt auch bei ausgeschalteter Pumpe durch die gute Abdichtung, die durch die Kugel gewährleistet ist, im Korpus. Der vorhandene Druck läßt die Backen (14) sehr zuverlässig in die Rohrwandung fassen. Gelingt es nicht, das Rohr zu bergen, wird der Rohrfänger hydraulisch von der Wandung gelöst. Dazu genügt es, das Gestänge mit einem Schlüssel bis zum Anschlag zu drehen. Bei dieser Operation drückt der Stutzen (8) die Kugel aus ihrem Sitz. Durch den sich bildenden Spalt drückt die Flüssigkeit heraus. Wird anschließend das Gestänge nach unten geschlagen, nehmen die Backen ihre Ausgangsstellung ein und das Gerät kann frei im Rohr bewegt werden.

[1)] Aus: Sbornik razionalisatorskich predloschenij, Heft 2. Herausgegeben vom Ministerium für Geologie und Lagerstättenschutz der UdSSR, Gosgeoltechisdat. Moskau 1959.

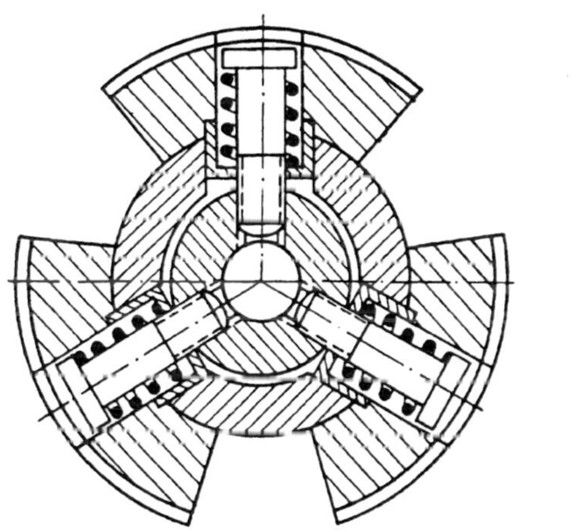

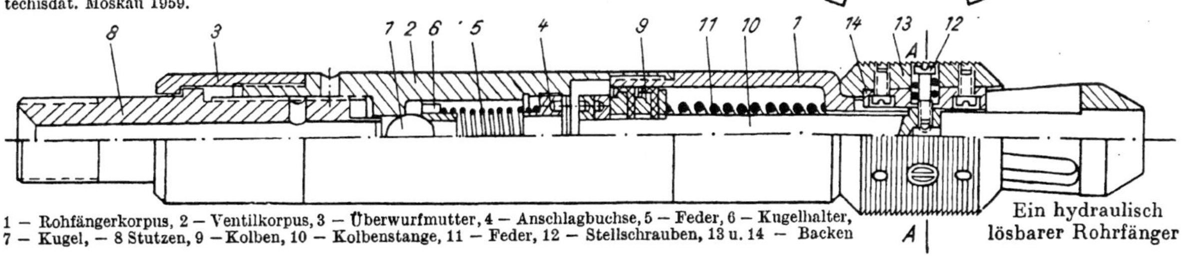

1 — Rohfängerkorpus, 2 — Ventilkorpus, 3 — Überwurfmutter, 4 — Anschlagbuchse, 5 — Feder, 6 — Kugelhalter, 7 — Kugel, — 8 Stutzen, 9 — Kolben, 10 — Kolbenstange, 11 — Feder, 12 — Stellschrauben, 13 u. 14 — Backen

Ein hydraulisch lösbarer Rohrfänger

Die Ölwanne für das Gestänge beim Bohren mit Bohrtrübe[1)]

Prochorow

Beim Bohren mit Bohrtrübe ist ein höherer Verschleiß der Bohrgestänge dadurch zu verzeichnen, daß die Gewinde der Gestänge durch die Bohrtrübe verunreinigt werden und daß eine regelmäßige Schmierung unterbleibt. Die zur Zeit zur Anwendung kommenden Gitter und Untersätze geben keine ausreichende Gewähr dafür, daß die Gewindeteile der Gestänge frei von Verunreinigung bleiben. Die bisher verwendeten Ölwannen werden bei der Arbeit mit Bohrtrübe stark verunreinigt, weil ein Teil der am Gestänge anhaftenden Spülflüssigkeit in die Schmierflüssigkeit abläuft, das Öl verunreinigt und das Gewinde versetzt.

Zur Verbesserung der Ölwannenkonstruktion macht Verf. einen Vorschlag, der die Gewähr dafür gibt, daß die sich im Laufe der Arbeiten anreichernde Bohrtrübe ständig abläuft und der Ölstand in der Wanne konstant bleibt. Öl muß in Abhängigkeit vom Verbrauch nachgefüllt werden, wobei das Niveau der Oberfläche des Öles unverändert bleibt (siehe Abb.).

Bei der Inbetriebnahme der Ölwanne füllt man zunächst die Bohrtrübe bis etwas unterhalb der oberen Kante des Gitters in den Behälter. Danach gibt man dann soviel Öl in die Wanne, daß ein völliges Eintauchen des Gewindes der Bohrgestänge gewährleistet ist. Je mehr man Bohrgestänge in die Wanne stellt, desto mehr Flüssigkeit wird verdrängt, die dann durch die Öffnung, ungefähr 30 mm unterhalb der Gitterebene in das Nebengefäß überströmt. Durch die im Betrieb gewesenen Gestänge nimmt die Bohrtrübe durch Abtropfen in die Wanne zu. Um die Wanne nach einer bestimmten Betriebsdauer zu reinigen, öffnet man den dafür vorgesehenen Stopfen, der sich gegenüber der oben beschriebenen Öffnung befindet. Die Bohrtrübe ist schwerer als das Öl, sie sinkt nach unten. Dadurch, daß der Überlauf der Wanne unterhalb des Ölniveaus liegt, gelangt

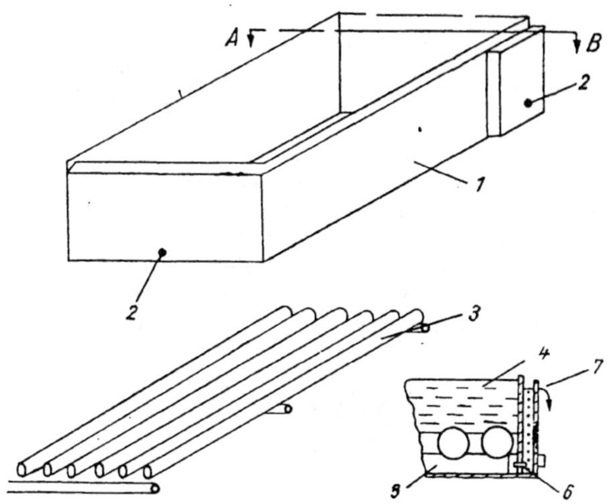

1 — Ölwanne, 2 — Ablaßstopfen, 3 — Gitter, 4 — Öl, 5 — Bohrtrübe, 6 — Öffnung, durch die überschüssige Flüssigkeit in den Nebenbehälter strömt, 7 — Überlauf

die Bohrflüssigkeit und nicht das Öl in den Überströmbehälter. Bei Kälte muß dieses Gefäß entleert werden oder ein etwaiges Einfrieren durch Anbringen eines einfachen Heizkörpers unter der Wanne verhindert werden. Es ist daher richtig, die Ölwanne auf einen etwa 20 cm hohen Rahmen zu setzen.

Für die Bohrmaschine KAM—500 (60 Gestänge) hat die Ölwanne folgende Abmessungen: Länge 650 mm, Breite 550 mm, Höhe 200 mm.

Als Gitter verwendet man alte Bohrgestänge von 50 mm Durchmesser. Für das Bohrgerät KA—2 M—300 (35 Gestänge) hat die Wanne eine Länge von 550 mm, eine Breite von 340 mm und eine Höhe von 180 mm.

Der Behälter wird aus 2-mm-Eisenblech gefertigt, dessen obere Kante durch Winkeleisen verstärkt wird. Als Schmiermittel kann man Erdöl oder Erdölprodukte verwenden.

[1)] Aus: Sbornik razionalisatorskich predloschenij, Heft 2. Herausgegeben vom Ministerium für Geologie und Lagerstättenschutz der UdSSR, Gosgeoltechisdat. Moskau 1959.

Lesesteine

F. A. Quenstedt, ein Popularisator der Geologie

Der am 9. 7. 1809 in Eisleben geborene Tübinger Geologieprofessor Friedrich August Quenstedt ist der Begründer der Geologie Schwabens. Mit 28 Jahren wurde er aus Berlin an den Tübinger Lehrstuhl für Mineralogie, Geologie und Paläontologie berufen, den er über 50 Jahre innehatte.

Quenstedts große wissenschaftliche Leistung war die exakte Einteilung des schwäbischen Juras nach Horizonten und Leitfossilien. Wertvoller als seine epochemachenden stratigraphischen Arbeiten war sein Streben, sein großes Wissen dem ganzen Volke zugänglich zu machen. Sein jahrzehntelang gelesenes „Kolleg über Naturkunde Württembergs" strahlte seine Begeisterung für die geologische Vorgeschichte Schwabens aus und vermittelte sie allen Volksschichten. Seine „Geologischen Ausflüge in Schwaben" wurden zum Führer für zahlreiche Exkursionen. Er hat es fertiggebracht, den Schwaben bis auf den heutigen Tag beizubringen, daß ein jeder, der seine Heimat liebt, deren geologische Vorgeschichte kennen muß. Diese Erkenntnis fehlt leider in den meisten anderen Gegenden Deutschlands, und um so höher ist das erfolgreiche Streben Quenstedts, die Ergebnisse der geologischen Wissenschaft zum Volkseigentum zu machen, zu werten.

Am Roßberg, im Weißen Jura, hat man dem großen Popularisator der Geologie Schwabens ein würdiges Denkmal gesetzt. Und auch außerhalb Schwabens gedenken wir gern dieses großen Meisters unseres Faches, der vor 150 Jahren die Bühne des Lebens betrat. E.

Standard-Oil-Profite

In dem Geschäftsbericht 1958 der Standard Oil Company of New Jersey wird mitgeteilt, daß die Gewinne der Gesellschaft im Jahre 1958 um nicht weniger als 30% zurückgegangen seien. 40% des Gewinnrückganges kamen auf Konto einer Einkommensteuererhöhung in Venezuela.

26% der erzielten Gewinne stammten aus den USA, 47% aus anderen Ländern der westlichen Hemisphäre und 27% aus der östlichen Hemisphäre. Besonders ertragreich waren die Investitionen im Nahen Osten. Sie stehen mit 203 Mill. $ zu Buch und brachten 1958 allein Dividenden von 93 Mill. $, also beinahe die Hälfte ihres ursprünglichen Kostenpreises. Es handelt sich dabei um eine Beteiligung von 30% an der Aramco (Saudi-Arabien), 12% an der Iraq Petroleum, 7% an dem iranischen Konsortium.

Über die deutsche Esso AG wird berichtet, daß sie ihren Absatz um den ungewöhnlichen Satz von 30% steigern konnte. Als besonders ertragreich wird die neue Rohrleitung von Wilhelmshaven nach der Ruhr und der Raffinerie in Köln erwähnt.

Der Konzern besaß Ende 1958 118 eigene Tanker mit 2,7 Mio t und hatte 179 weitere Tanker gepachtet.

Wie man sieht, ist trotz des 30%igen Gewinnrückgangs der Profit der Aktionäre der Standard Oil immer noch außergewöhnlich hoch. Wenn also auch andere Länder dem Beispiel von Venezuela folgen sollten, um diese unerhört hohen Profite zu beschneiden, so werden trotzdem die Aktionäre der Standard Oil immer noch reichlich hohe Profite einstreichen. E.

Hintertüren für die Astrologie

Das Thema „Kosmische Kraftfelder und astrale Einflüsse", Titel eines Büchleins von R. TOMASCHEK (Ebertin-Verlag, Aalen/Württ., 93 S., 1959), entspricht unserer Epoche des Vordringens in den Weltraum, der Erforschung der Höhenstrahlung, des zirkumterrestrischen elektromagnetischen Feldes und anderer Phänomene mittels der Sputniks. Von einem namhaften Geophysiker wie R. TOMASCHEK erwartet man hierzu einen beachtlichen Beitrag. Es ist auch von alledem in dem Büchlein die Rede. Jedoch nur nebenbei. Schon daß es sich um einen Vortrag handelt, der im Rahmen der „Kosmobiologischen Akademie Aalen" gehalten wurde, in der man einen Verein zur wissenschaftlichen Tarnung der Astrologie vermuten darf, macht stutzig. Und wirklich, schon auf Seite 17 ist von Planetenkonjunktionen die Rede. Der Verfasser läßt sich zwar auf biologische und psychologische Gestirneinflüsse nicht ein und gibt zu, daß sich die in diesem Bereich angewandte Methodik meist noch im 16. Jahrhundert befindet, er beschränkt sich auf die Bemühung, Beziehungen zu terrestrischen Vorgängen anorganischer Art glaubhaft zu machen, aber mit dem Zugeständnis: Was hier gilt, kann auch dort gelten — womit die Hintertür für die Horoskope geöffnet ist. Unter den Beziehungen, denen er besondere Bedeutung beilegt, sei die Korrelation der Zeitpunkte mehrerer großer Erdbeben mit „traditionell günstigen Aspekten" von Jupiter und Uranus herausgegriffen. TOMASCHEK schreibt hier ernstlich den Planeten eine auslösende Wirkung zu. Die Beziehung bleibt aber rein morphologisch, einen dynamischen Faktor vermag er nicht anzugeben. Aber — selbst wenn wir einen solchen als vorhanden unterstellten — wird man z. B. eine generelle Beziehung zwischen Lawinen und Fußtritten annehmen, weil u. U. der Fußtritt eines Bergsteigers eine Lawine auslösen kann? — Das tiefe Unbehagen, das den Leser bei den zwar wissenschaftlich aufgemachten, aber zwischen Scheinargumenten, Einschränkungen und Konzessionen unklar jonglierenden Ausführungen des Verfassers beschleicht, steigert sich zum äußersten, wenn man schließlich auf dessen unverhüllte Verbeugung vor der Astrologie stößt, nämlich auf seine „Bewunderung für die Leistung unserer Vorfahren, die den Zusammenhang zwischen irdischem und kosmischem Geschehen erkannt und festgehalten haben . . . eine Offenbarung höchsten religiösen, ästhetischen und intellektuellen Inhalts".

Die Astrologie ist eine im kapitalistischen Machtbereich besonders geschätzte Ablenkung. Sind doch die Horoskopgläubigen unkritisch bereit, vieles hinzunehmen. Jeder wissenschaftliche Fürsprecher und Türöffner ist daher sehr willkommen. Wie tief aber steigt ein Physiker von Rang und Namen herab, wenn er sich da als dienstwillig erweist.

H. HAVEMANN

Die Erdöl-Venus

Die Gewinnung von Erdöl und Erdgas wächst in sich ständig steigerndem Tempo in allen Ländern, die über höffige Gebiete verfügen. Das Gespenst drohender Überproduktion geistert durch die Räume der Aufsichtsräte der Erdölkonzerne und beginnt die Fundamente ihrer angeblich stabilen Tresore zu unterminieren und ins Wanken zu bringen. Denn wenn es stimmt, was einige Erdölgeologen annehmen, daß wir in größeren Teufen noch gewaltigere Erdöl- und vor allem Erdgasvorräte, als bisher bekannt sind, zu erwarten haben, dann sind beim gegenwärtigen Stand der Bohrtechnik alle Voraussetzungen dafür vorhanden, daß das bisherige Gespenst sich bald in eine sehr reale kapitalistische Überproduktionskrise verwandeln wird. In solchen Situationen erscheint es nach der Parole „Nach uns die Sintflut!" den Konzernherren angebracht, durch sensationell aufgebauschte pseudowissenschaftliche „Theorien" und metaphysische Spekulationen die breiten Massen von dem Nachdenken über die wichtigsten ökonomischen Vorgänge abzulenken. Ein williges, bewußtes oder unbewußtes Werkzeug ihrer diesbezüglichen Absichten scheint der engliche Astrophysiker FRED HOYLE zu sein. Der schwerindustrielle westdeutsche „Industriekurier", der wie seine Auftraggeber daran interessiert ist, daß die breiten Massen nicht gar zu klug werden, propagiert unter der Überschrift

„Größter Erdöl-Träger des Kosmos — die Venus"

die Theorien des Mister HOYLE. Wir zitieren:

„Während sich auf der Erde unter dem Einfluß der Sonneneinstrahlung die Wasserabsonderung vollzog und der Wasserstoff in den Raum entwich, während der Sauerstoff die Atmosphäre bildete, kam es auf der Venus zu nur sehr schwachen Wasserabsonderungen. Das Erdöl drängte an die Oberfläche. Es gab Zeiten, da vermutete man, daß die Oberfläche der Venus von mächtigen Urwäldern bedeckt sei, in denen sich Dinosaurier tummelten.

Heute nimmt man an, daß die merkwürdig glitzernde Wolkenhülle, durch die der Planet Venus zu einem der hellsten Sterne des Himmels wurde, nichts anderes ist als ein merkwürdiges Wolkengebilde aus kleinsten Öltröpfchen, die in der Venus-Atmosphäre schweben. Sie wären also aufgestiegen aus den riesigen Ölsümpfen, in denen vielleicht riesige Lebewesen hausen oder — die primitivsten Lebensformen, die im Erdöl zu existieren vermögen.

Aber die furchtbaren elektrischen Gewitter, die von den Radioteleskopen der Ohio-Universität auf der Venus festgestellt wurden, sind eine weitere Bestätigung dafür, daß sich gelbliche Wolken aus Mineralölmeeren gebildet haben, die aus dem Planeten Venus gewissermaßen ein Arabien von kosmischen Ausmaßen werden lassen."

In den Volksdemokratien wird sich kein Geologe durch solche unlogischen Gaukeleien über die strahlende Venus blenden lassen. Hier steht man mit beiden Füßen auf der Erde. Und unter unseren Füßen und nicht über unseren Köpfen suchen wir die wertvollen Rohstoffe unserer Erdöl- und Erdgasfelder. Die Ablenkungsmanöver des Mister HOYLE werden bei uns nichts als ein homerisches Gelächter auslösen.

Gern überlassen wir das „kosmische Arabien" den Erdölkonzernen. Doch würden wir es, die wir uns mit irdischen Ölsardinen begnügen müssen, freudig begrüßen, wenn uns die Bezwinger der Erdöl-Venus zum ersten Ölsaurier-Festmahl einladen würden; denn allein und isoliert verderben sie sich vielleicht doch ihre nimmersatten Mägen an diesen fetten kosmischen Erdölbissen. e.

Mexiko-City soll hochgepumpt werden

In Mexiko-City leben fast 4 Millionen Menschen. Der Standort der prähistorischen Ansiedlung wurde natürlich ohne Erkundung des Baugrundes durchgeführt. Die Folgen zeigen sich jetzt.

Im Zentrum der modernen Großstadt liegen die eisernen Markierungsbolzen bereits 3 bis 6 m unter dem Niveau von 1890. Risse klaffen in Hauswänden, in Straßenzügen bilden sich Bodenwellen und einige der bis 180 m hohen Wolkenkratzer weichen schon meßbar von der Lotrechten ab. Eine Folge der starken Senkungserscheinungen waren große Überschwemmungen im vergangenen Jahr. Nur mit Mühe konnte man sich stellenweise in Booten durch die Straßen, die Kanälen glichen, fortbewegen.

Die geologischen Erkundungen ergaben, daß sich im Untergrund der Stadt unter einer nur geringen Bedeckung günstigen Baugrundes ein ausgedehntes Schlammpolster befindet. Nur 20% des Schlammes besteht aus vulkanischer Asche, die restlichen 80% sind Wasser. Durch starke Entnahme von Grundwasser wurde der Schlamm teilweise entwässert und verlor an Volumen. Dazu kam der stärkere Druck der an Zahl zunehmenden Gebäude. Infolgedessen sinkt in letzter Zeit der Boden der Stadt ständig. Es wurde daher jede Grundwasserentnahme unter dem Stadtgebiet verboten; aber durch Zusammenpressung des Schlammes senkt sich der Boden weiter.

Mexikanische Fachleute bemühten sich um einen Ausweg aus der bedrohlich werdenden Situation. Es soll versucht werden, den Schlamm wieder mit Wasser anzureichern und dadurch einen Gegendruck zu erzeugen, der den Boden der

Stadt mit samt ihren Gebäuden wieder langsam hebt. Ein bereits ausgearbeitetes kühnes Projekt sieht zunächst den Bau großer Staubecken vor, die die wertvollen, bisher nicht genutzten Wassermengen der umliegenden Berge (Popocatepetl — 5500 m, Ixtaccihuatl — 5300 m und Ajusco — 4000 m) sammeln werden. Am Rande der Stadt sollen Pumpwerke erbaut werden, die das gewonnene Gebirgswasser unter hohem Druck in den unterirdischen Schlamm pressen sollen. Auf diese Weise hofft man, die ganze Talsohle samt Mexiko-City allmählich heben und zumindest auf ihrem jetzigen Niveau halten zu können.

Für spätere Zeiten ist angeregt worden, Zementbrei in das Schlammpolster zu pumpen, der sich dann mit der Vulkanasche zu Beton verfestigen würde. Hierfür wären Zementmengen gigantischen Ausmaßes notwendig.

Ob zunächst der erste Teil des Projektes, die Stadt mit ihren Millionen Einwohnern hochzupumpen, verwirklicht werden kann, sollte aufmerksam weiterverfolgt werden. Auf jeden Fall imponiert dieses gewaltige Projekt, das so deutlich die Schäden, die eine fehlende bzw. mangelhafte Baugrunduntersuchung nach sich ziehen kann, aufzeigt, durch seine außerordentliche Kühnheit. e.

Besprechungen und Referate

PAPP, A.

Grundzüge regionaler Stratigraphie

Handbuch der Stratigraphischen Geologie, Bd. III, Tertiär, 1. Teil; herausgegeb. v. FR. LOTZE, Stuttgart 1959, 411 Seiten, 88 DM

Im „Handbuch der Stratigraphischen Geologie" bemühen sich die Autoren, die Lücke, die zwischen den Lehrbüchern auf der einen und Originalaufsätzen und regionalen Zusammenfassungen auf der anderen Seite klafft, zu schließen. Dieses Ziel erreicht auch der vorliegende erste Teilband des Tertiärs. Die Grundlagen der Biostratigraphie werden in den Vordergrund gestellt. Der Vorzug der Mikrofossilien (Foraminiferen, Ostracoden, Sporen usw.) und der Großforaminiferen für die stratigraphische Einteilung des Tertiärs wird besonders betont, da sich Mollusken für interkontinentale Parallelisationen als ungeeignet erwiesen haben. Hinweise auf gebirgsbildende Phasen im Tertiär werden nur ab und zu sporadisch gegeben.

Im Allgemeinen Teil werden von A. PAPP die Gliederung des Tertiärs und die Grundzüge der Entwicklung der Evertebrata im Tertiär behandelt. Der Hauptteil enthält die Beiträge „Europa" von A. PAPP, „Afrika" von A. TOLLMANN, „Asien (Kleinasien)" von K. TURNOWSKY; M. F. GLÄSSNER (Die Indo-pazifische Region) und A. PAPP (Vorderer Orient, Sibirien) und „Amerika" von A. PAPP. Den Schluß bildet ein Beitrag von W. KLAUS über „Die Palynologie als stratigraphische Methode im Tertiär".

Das reichlich mit Abbildungen und Tabellen ausgestattete und über ausgedehnte Literaturverzeichnisse verfügende Werk dürfte jedem, der sich mit stratigraphischen Fragen des Tertiärs befaßt, wertvolles Material liefern. E.

THENIUS, E.

Wirbeltierfaunen

Handbuch der Stratigraphischen Geologie, Bd. III, Tertiär, 2. Teil; herausgegeb. v. FR. LOTZE, Stuttgart 1959, 316 Seiten, 67 DM

Der Teil II des Tertiärs bildet eine Ergänzung zu den „Grundzügen regionaler Stratigraphie" von A. PAPP. Es werden in ihm die wichtigsten Wirbeltierfaunen erfaßt. Komplette Fauna-Listen konnten aus Raummangel nicht aufgenommen werden, weshalb oft nur die stratigraphisch wichtigen Formen angeführt werden.

Nachdem Verf. die Prinzipien der Parallelisierung und die Bedeutung der Wirbeltiere für die Tertiärstratigraphie behandelt hat, bespricht er im Hauptteil seines Werkes die tertiären Wirbeltierfaunen der einzelnen Kontinente. Zum Schluß gibt er eine Definition der Tertiärepochen nach Wirbeltieren, wobei besonders die Grenzen zwischen Kreide und Tertiär, Paleozän und Eozän, Eozän und Oligozän, Oligozän und Miozän, Miozän und Pliozän sowie Pliozän und Pleistozän besprochen werden.

Durch seine vielen Tabellen und Abbildungen sowie seine Literaturverzeichnisse gibt das Buch für die stratigraphische Gliederung aller Epochen des Tertiärs wertvolle Hinweise. E.

AMSTUTZ, G. C.

Mineralisationszonen-Gliederung nach den Formänderungen von Pyrit

Zu einem Artikel über dieses Thema (im Bull. Geol. Soc. Am. 69, 1958) geben die Verfasser G. C. AMSTUTZ und A. LIGASACCHI (Missouri School of Mines, Rolla Mo.) folgende Zusammenfassung:

Eine statistische Untersuchung über die Kristallformen von Pyrit in bezug auf bekannte Zonenübergänge in Erzlagern und Gesteinen im allgemeinen hat einige vorläufige Resultate geliefert. Diese deuten darauf, daß Formänderungen von Pyrit bei Erforschung und Abbau mit Erfolg als Zonenindikatoren verwendet werden können. Obgleich die Faktoren, welche die Morphologie von Pyrit und Mineralen im allgemeinen beeinflussen, zahlreich und in vielen Fällen unbekannt sind, gestatten die bis jetzt ermittelten statistischen Verteilungen vorläufige Schlußfolgerungen über die Mineralisationsbedingungen. So ist z. B. das Auftreten der kubischen Form bei niedrigeren Temperaturen und/oder S-Konzentrationen das wahrscheinlichere. Sedimentgesteine enthalten fast ausschließlich kubische Formen. In einem Kupfer-Porphyr-Lager fand sich der höchste Grad von primärer Mineralisation in einer Zone, wo die pyritoedrische Form die kubische überwog.

Eine Spezialtechnik für die morphologische Unterscheidung von Pyrit-Fragmenten ist entwickelt worden. Sie besteht in einer Klassifikation der Akzessorien an den Oberflächen der kubischen, pyritoedrischen und oktaedrischen Form. Diese Klassifikation gestattet eine Unterscheidung der vorherrschenden Form. Es ist versucht worden, die genetischen Beziehungen zwischen den vorkommenden Bildungsbedingungen und den Kristallformen zu verstehen. Die Basis dafür gaben periodische Brückenketten-Vektoren (P.B.C.-Vektoren) und Energiebedingungen, welche die Klasse F (flache Oberflächen), Klasse S (stufige Oberflächen) und Klasse K (knotige Oberflächen) auszeichnen.

H. HAVEMANN

SCHMIDT, G.

Ergebnisse bei reflexionsseismischen Untersuchungen unter Tage im Spateisensteinrevier des Siegerlandes

Vortrag vor der European Association of Exploration Geophysicists. 16th Meeting, München, Mai 1959. Herausgegeben von der Seismos, Hannover.

Durch Untertage-Reflexionsmessungen ist es im Siegerland möglich gewesen, einen bisher noch unbekannten bauwürdigen Spatgang anzugeben. Der neu aufgefundene Gang hat einen Abstand von 120 m von der Untersuchungsstrecke. Seine Mächtigkeit beträgt 3—4 m. Seine Längserstreckung wurde zu 100 m festgestellt, nach der Teufe erstreckt er sich über 2 Sohlen.

Die angewandte Meßanordnung gestattet, von einer Strecke aus nach beiden Seiten bis zu 500 m entfernte Gänge abzutasten. Da die Dichte des Spateisensteins zwischen 3,4 und 3,8 schwankt und damit um etwa 1 über dem Nebengestein liegt, sind gute Reflexionen zu erwarten. Naturgemäß können unter Umständen auch größere Störungen Reflexionen ergeben.

Damit durch den Schalldruck keine verspäteten seismischen Impulse ausgeübt werden, muß auf gut verdämmte Schußbohrlöcher Wert gelegt werden. Die Reflexionszeiten sind infolge der hohen Wellengeschwindigkeiten im anstehenden Gebirge und der geringen Meßentfernungen sehr kurz. REH

SUSCHILIN, W. A.

Tiefenmessungen im Erdölfeld

Gostoptechisdat Moskau 1958

In dieser Arbeit führt der Autor alle grundlegenden Angaben über Konstruktion und Eigenschaften der Meßapparatur auf, gibt die Methodik der Tiefenmessungen und der Bearbeitung ihrer Ergebnisse. Die Grundaufgabe bei der Untersuchung einzelner Sonden ist, wie auch bei der Untersuchung der Lagerstätte als Ganzes, die Aufstellung der Gleichung des Zuflusses, d. h. die Bestimmung der

Abhängigkeit zwischen dem Zufluß an Flüssigkeit zur Sonde und der Größe des Sohlendruckes. Dazu müssen in eruptiven Sonden die Drücke mit Tiefenmanometern und in Pumpensonden die Flüssigkeitsspiegel gemessen werden. Ferner müssen die Schüttungen nicht nur der ganzen Sonde, sondern auch einzelner Horizonte (bzw. die Verschluckungsmengen bei Flutungssonden) gemessen werden. In stillstehenden Pumpensonden und in Beobachtungssonden werden die Flüssigkeitsspiegel durch Geräte mit Schwimmern bestimmt. Dabei verwendet man zur ununterbrochenen Beobachtung der Spiegelschwankungen Geräte, die die Änderung der Lage des Schwimmers in Abhängigkeit von der Zeit aufzeichnen, sogenannte Piezographen. In arbeitenden Pumpensonden kann der Spiegel nicht mit Schwimmern gemessen werden, da dadurch die Arbeit der Pumpe gestört werden kann. In diesem Falle verwendet man Echolote. Das durch einen Schuß ausgelöste Geräusch wird vom Spiegel reflektiert, dessen Teufe dann bei bekannter Schallgeschwindigkeit bestimmt werden kann. Zur Bestimmung der Schallgeschwindigkeit im Erdölgas der Sonde wird in einer bekannten Teufe eine Marke gesetzt, die einen Teil der Schallwellen zurückwirft.

Zum Messen des Druckes in der Sonde verwendet man spezielle Tiefenmanometer. Bei den üblichen Tiefenmanometern wird der Druck in Abhängigkeit von der Zeit aufgezeichnet. Die Veränderung der Zeit wird durch ein Uhrwerk festgehalten, die des Druckes durch einen Helix oder durch Kolben. Es gibt Manometer, in denen die Uhrwerke 7 Tage laufen, bis zu solchen, in denen sie nur eine Stunde laufen. Es werden Tiefenmanometer der verschiedensten Typen aus der UdSSR und den USA beschrieben. Die Tiefenmanometer sind meistens mit einem Maximumthermometer ausgerüstet, das eine Vorstellung über die herrschende Temperatur gibt. Zur genauen Bestimmung der Temperatur und vor allem der Temperaturänderungen werden selbstschreibende Tiefenthermometer eingesetzt.

Die Durchführung von Schüttungsmessungen in der Sonde setzte sich erst in den 50er Jahren durch, da früher die entsprechenden Geräte fehlten. Jetzt verwendet man Tiefenschüttungsmesser für Flüssigkeiten und für Gase, die bei einer Förderung aus mehreren Horizonten gleichzeitig diese einzeln untersuchen können. F. WEGERT

Das Problem der Erdölmigration und der Bildung von Erdöl- und Erdgasansammlungen

Unter der Redaktion von W. B. PORFIRJEW und I. O. BROD, Gostoptechisdat, Moskau 1959

Im Mai 1957 wurde in Lwow von verschiedenen ukrainischen geologischen Institutionen eine Diskussion über Fragen der Erdölmigration und der Bildung industriell nutzbarer Erdölansammlungen durchgeführt, die als natürliche Fortsetzung der Diskussion von 1954 über Fragen der Entstehung des Erdöls anzusehen ist. Im vorliegenden Buche werden Vorträge und Diskussionsbeiträge dieser Aussprache vorgelegt, die von Vertretern der verschiedenen geologischen Schulen gehalten wurden und wertvolle Fakten zu den genannten Fragen enthalten.

Von einer Reihe bekannter Theoretiker wurden grundlegende Probleme erörtert. So ging I. O. BROD in seinem Vortrag von der Theorie der Erdölmuttergesteine aus. Er betrachtet regionale Fragen und gibt eine Klassifikation der verschiedenen Migrationsarten nach ihrem Maßstab und nach ihren Wegen. Er kommt schließlich zu der Schlußfolgerung, folgende Bedingung als Grundgesetz der Erdöl- und Erdgasakkumulation anzusehen: Für eine Erdöl- und Erdgasakkumulation ist es notwendig, daß das betreffende Gebiet von einer langanhaltenden und stabilen Senkung ergriffen wird, daß die Tendenz der Senkung und Schüttung der Sedimente sowohl bei kleinen als auch bei großen Schaukelbewegungen der Erdrinde überwiegt. N. A. KUDRJAWZEW, der Hauptvertreter der anorganischen Theorien der Erdölbildung, legt in seinem Vortrag die Vorstellungen über die Bildung von Erdöllagerstätten dar, wie sie aus den anorganischen Theorien zu folgern sind. So ist nach seiner Meinung eine horizontale Migration bei einer nicht steilen Schichtstellung überhaupt unmöglich. Nach N. A. KUDRJAWZEW ist die Hauptmigrationsrichtung senkrecht: Das in der Tiefe entstandene Erdöl steigt an Spalten und Klüften auf. Damit erklärt er, daß in den meisten Erdölfeldern viele Lagerstätten übereinander angetroffen werden.

W. W. WEBER sprach in seinem Diskussionsbeitrag über den engen Zusammenhang zwischen der Fazies und der Erdölführung einer Schicht. Neben diesen und anderen theoretischen Fragen wurden von vielen Geologen praktische Probleme der einzelnen Erdölgebiete erörtert. So sprach W. J. AWROW über die Migrationsmöglichkeiten des Erdöls im Ural-Emba-Gebiet. Da hier die Dichte der ölführenden Strukturen sehr groß ist, kann das Öl nicht in den die Salzstöcke umgebenden Senken entstanden sein, es muß also von weiter her migriert sein. Eine Migration aus der Tiefe durch die Salzfolge schließt er aus, da im plastischen Salz wohl kaum Klüfte vorhanden waren. Er nimmt an, daß das Erdöl von dem Wasser, dessen Einzugsgebiet in der Peripherie des Embagebietes liegt, in dessen Entlastungsgebiet, in das Zentrum des Gebietes, gespült wurde. Damit erklärt er auch die größere Dichte der Ölfelder im Zentrum des Gebietes. F. WEGERT

COOPER, M.

Bibliography and index of literature on Uranium and Thorium and radioactive occurrences in the United States

The Geological Society of America, Special Paper 67, New York, 26. 9. 1958

Die Veröffentlichung stellt den Teil 5 einer umfassenden Bibliographie aller radioaktiven Lagerstätten der USA dar. Es ist beabsichtigt, im Laufe der Zeit diese Bibliographie auf alle ähnlichen Vorkommen in der Welt auszudehnen. In der vorliegenden Abhandlung sind die Literaturangaben über Vorkommen in folgenden Staaten der USA zusammengestellt:

Connecticut, Delaware, Illinois, Indiana, Maine, Maryland, Massachusetts, Michigan, New Hampshire, New Jersey, New York, Ohio, Pennsylvania, Rhode Island, Vermont and Wisconsin.

Die vorhergegangenen Veröffentlichungen hatten folgende Staaten umfaßt:
Teil 1: Arizona, Nevada, New Mexico. „Geol. Soc. Am. Bull." 1953, Bd. 64, S. 197—234;
Teil 2: California, Idaho, Montana, Oregon, Washington, Wyoming. ib. S. 1103—1172;
Teil 3: Colorado und Utah. ib. 1954, Bd. 65, S. 467—590;
Teil 4: Arkansas, Iowa, Kansas, Louisiana, Minnesota, Missouri, Nebraska, North Dakota, Oklahoma, South Dakota und Texas. ib. 1955, Bd. 66, S. 257—326. E.

Geologische Übersichtskarte des rheinisch-westfälischen Steinkohlengebietes

(Dargestellt von der Karbonoberfläche)

Herausgegeben vom Geologischen Landesamt Nordrhein-Westfalen. 1 : 100000. Krefeld 1958. 1. Bl. Mehrfarbendruck. 8 DM

Das Amt für Bodenforschung Krefeld stellte aus tektonischen Einzelblättern eine Übersichtskarte im Maßstab 1:100000 zusammen, worin die Verhältnisse in den einzelnen Sektionen unter Hervorhebung des Wichtigsten verarbeitet worden sind. Sie mußte sich in der Angabe der Flöze auf jene beschränken, die die einzelnen Stufen des Karbons und ihrer Unterabteilungen begrenzen. Durch eine gute Farbgebung treten die großen Falten des Karbons ausgezeichnet hervor, ebenso lassen die dargestellten großen Querverwerfungen den Schollenbau des Gebirges klar erkennen. Ein Querschnitt zeigt das Karbon vom Dorstener Sattel im Norden bis zur Herzkämper Mulde im Süden mit den Großmulden und -sätteln und den darin liegenden Spezialfalten. Die Karte gibt auch im leichten Graudruck die Topographie an.

Neben dem Karbon erscheint auf der Karte auch die Südgrenze der einzelnen Formationen oder Formationsstufen. Ein Schichtenschnitt vom Flöz Parsifal der Dorstener Schichten bis 135 m unter Flöz Sengsbank der Sprockhöveler Schichten in einer Gesamtmächtigkeit von rd. 3000 m gibt einen Überblick über die heutige stratigraphische Einteilung des Ruhrbezirks. D.

BOGOMOLOW, G. W.

Grundlagen der Hydrogeologie

VEB Deutscher Verlag der Wissenschaften, Berlin 1958 VII + 178 S., 104 Abb., 18 Tab., Ganzleinen, Preis DM 20.60. Deutsche Redaktion: ANDREAE

Das nach der zweiten Auflage von ANDREAE und BUSCH übersetzte Werk ist als Lehrbuch für die bergbaulichen

Fachschulen im Jahre 1955 in Moskau erschienen. In 7 Kapiteln wird dem Leser ein guter Überblick über den Stand der hydrogeologischen Forschung in der UdSSR vermittelt.

In einer kurzen Darstellung wird eingangs die Rolle der russischen und sowjetischen Gelehrten an der Klärung hydrogeologischer Probleme gewürdigt. In erstaunlichem Umfang werden die meteorologischen Grundlagen der hydrogeologischen Forschung behandelt. Besonderes Interesse erwecken die in diesem Kapitel beschriebenen sowjetischen Kleinlysimeter, die der Messung der Bodenwasserverdunstung dienen. Gerade auf dem Gebiet der Verdunstungsmessung hat sich die sowjetische Wissenschaft große Verdienste erworben. Das Ergebnis dieser Arbeiten wird durch eine Karte der Gebietsverdunstung des europäischen Teiles der Sowjetunion dargestellt. Von Interesse sind weiterhin die Beschreibungen der Abflußverhältnisse und der Beziehungen, die zwischen dem ober- und unterirdischen Einzugsgebiet bestehen. Im 3. Kapitel wird das Wasser in der Erdrinde beschrieben. Nach einer Definition des Begriffes Grundwasser geht der Verfasser auf die Theorien von der Bildung des Grundwassers ein. Von Interesse sind die Beschreibungen der Temperatur des Grundwassers im Verhältnis zur Bodenbedeckung und zur geothermischen Tiefenstufe. Im Zusammenhang mit der Porosität der Gesteine wird auf ihre Einteilung in Korngrößen eingegangen. Es ist zu bemerken, daß in der UdSSR ein anderes granulometrisches Schema Verwendung findet als in Deutschland. Darauf hätte zumindest in einer Fußnote von seiten der deutschen Redaktion hingewiesen werden müssen, um bei Studierenden der DDR, die das Werk benutzen, keine Irrtümer aufkommen zu lassen.

Das Kapitel IV beschäftigt sich mit den physikalischen Eigenschaften und der chemischen Zusammensetzung der Grundwässer. Bemerkenswert sind die in einem gesonderten Kapitel dargestellten chemischen Einteilungsprinzipien der Grundwässer. So liegt dem System von STSCHUKAREW der Gehalt des Grundwassers an den Hauptkomponenten Cl^-, SO_4^{--}, HCO_3^-, Na^+, Mg^{++} und Ca^{++} zugrunde. Berücksichtigt werden nur Gehalte über 25 Äquivalentprozente. Nach der Verbindung dieser 6 Komponenten können 49 Grundwasserklassen unterschieden werden. KURLOW schlägt für die chemische Zusammensetzung des Grundwassers eine Kurzformel vor, in die das spezifische Element, das im Wasser enthalten ist, die allgemeine Mineralisation des Grundwassers, der Gehalt an Anionen und Kationen und die Temperatur eingehen. Kapitel V macht kurze Angaben über die Dynamik des Grundwassers. Hier werden die wichtigsten hydrogeologischen Formeln behandelt. Es ist zu bemerken, daß es in der Sowjetunion gebräuchlich ist, die in den Formeln auftretenden natürlichen Logarithmen in BRIGGsche umzuformen, so daß dem deutschen Betrachter die dargestellten Formeln fremd erscheinen. Auch hier wäre für die Studierenden ein Hinweis der deutschen Herausgeber wünschenswert gewesen. Eine Einteilung der Grundwässer in verschiedene Typen wird in Kapitel VI vorgenommen. Hier werden auch die Beziehungen zwischen Grund- und Oberflächenwässern dargestellt. Interessant sind die Grundwasserverhältnisse im Gebiet der in Mitteleuropa unbekannten ewigen Gefrornis und ihrer vielfältigen Erscheinungen.

In letzten Kapitel werden einige Fragenkomplexe der hydrologischen Forschung beschrieben. Von Wichtigkeit sind die Auslassungen über die Probleme der hydrogeologischen Kartierung. Es werden die Forderungen an eine hydrogeologische Karte dargestellt. Weiterhin dürfte, und das gilt auch für andere Kapitel, die Beschreibung labormäßiger Untersuchungen verschiedener hydrogeologischer Werte Interesse erwecken.

Ein umfangreiches Literaturverzeichnis, das die bedeutendsten hydrogeologischen Werke der Sowjetunion enthält, beschließt das Buch.

Der Wert dieses zweifellos hervorragenden Lehrbuches wird leider durch grobe Oberflächlichkeiten in der deutschen Bearbeitung herabgesetzt. So wurden beispielsweise mehrfach Bildunterschriften vertauscht. Die auf S. 73 abgedruckte Formel für die Temperaturkorrektur τ bei Durchlässigkeitsuntersuchungen muß richtig $\tau = 0{,}7 + 0{,}03\,t^0$ heißen. Zu bemerken sind auch die oftmals falsch benutzten Termini.

Trotz dieser Mängel ist das vorzüglich ausgestattete Werk nicht nur den mit hydrogeologischen Problemen beschäftigten Geologen, sondern darüber hinaus allen anderen Wasserfachleuten zu empfehlen. K. HRABOWSKI

SCHNEIDER, G. & W. LAUX

Über die Anwendung eines modernen elektrischen Punktzählgerätes zur mikroskopischen Korngrößenbestimmung

Freiberger Forschungshefte, B 39, Akademie-Verlag, Berlin 1959; 52 S. mit 19 Bildern und 5 Tab., Preis brosch. 4 DM

Die Bestimmung von Längen einzelner Komponenten in Dünn- und Anschliffen und die daraus durch Umrechnung zu gewinnenden Gewichts- oder Volumenanteile spielen in der Mikroskopie der Erze, Gesteine, Kohlen usw. eine bedeutende Rolle; sie ist für die quantitative Analyse eines Körnergemisches unerläßlich. Aber ebenso von Wichtigkeit ist die Aussage über die Korngröße, die sowohl in festen wie auch losen Korngemengen entscheidend die Eigenschaften von mehrkristallinen Stoffen mitbestimmt.

Der VEB Rathenower Optische Werke hat mit der ELTINOR ein modernes elektrisches Punktzählgerät entwickelt, mit dem man ohne zeitlichen Mehraufwand in einem Arbeitsgang nebeneinander Mengenanteil- und Korngrößenbestimmungen durchführen kann. Die Verfasser teilen in dieser Arbeit experimentelle Ergebnisse und Überlegungen mit, die sie bei Korngrößenbestimmungen in der Metallographie gewonnen haben.

Im ersten Teil werden Verfahren beschrieben, mit denen man in der herkömmlichen Weise Korngrößen bestimmen kann, so das Flächenmeß-, das Kreis- und das Durchmesserverfahren, die meist in der Metallographie Anwendung finden, und das Okularmikrometer, das Okularnetzmikrometer und das Planimeterokular, die mehr in der Mineralogie-Petrographie gebräuchlich sind. Ebenso finden die ein- und mehrspindeligen Okular- und Tischschraubenmikrometer Erwähnung, wie sie in dem von Leitz entwickelten Integrationstisch wohl am besten bekannt sind. Auch die Möglichkeit, durch Vergleiche von Richtreihen Korngrößenmessungen durchzuführen, wird besprochen.

Im zweiten Teil der Arbeit wird auf die Apparatur des elektrischen Punktzählers ELTINOR, seine bisherige Anwendung und sehr ausführlich auf die Korngrößenbestimmung eingegangen. Hiernach haben sich nach den Erfahrungen der Verfasser zwei brauchbare Arbeitsvarianten ergeben: das Ausschnittverfahren und das Querschnittverfahren. Während das letztere für orientierende Übersichtsmessungen geeignet ist, wird das Ausschnittverfahren für die eigentliche quantitative Korngrößenmessung angewendet. Der Ausschnitt ist gegeben durch ein im Okular befindliches 1 cm^2 großes Quadrat, das im Blickfeld auf dem Schliff abgebildet wird. Die Anzahl der Meßbahnen, die durch diesen Ausschnitt zu führen sind, und die Anzahl der innerhalb dieses Quadrates befindlichen Körner sind ausschlaggebend für die Genauigkeit der Bestimmung der mittleren Korngröße. Diese Beziehung Meßbahndichte — Kornzahl wird statistisch untersucht und an Kurven dargestellt; ebenso werden auf Grund mathematischer Überlegungen Angaben gemacht über die größte zu erwartende Unsicherheit des Ausschnittmittelwertes und über die Bedingungen, unter denen der Mittelwert eines Ausschnittes für größere Probenbereiche Gültigkeit haben kann.

Bemerkungen zur Optik, der Vergleich herkömmlicher Verfahren mit der Punktzählmethode und Anwendungsmöglichkeiten der beschriebenen Methode für die verschiedensten Sachgebiete beschließen die Arbeit. HERBST

PRIKEL, G.

Tiefbohrtechnik

414 Seiten mit 224 Text-Abbildungen, Wien, Springer-Verlag 1959, 3. Aufl.

In seinem Vorwort faßt der Autor das Anliegen des Buches in zwei Fragen zusammen:

1. Welche Arbeitsmethoden und Hilfsmittel sind am geeignetsten, um die Bohrung sicher und kostensparend auf die gewünschte Teufe abzustoßen?

2. Wie müssen die produktiven Horizonte gebohrt und gesichert werden, um eine möglichst wirtschaftliche Ausbeute zu gewährleisten?

Der Verfasser beginnt mit der Beschreibung des Bohrvorganges und der Faktoren, die den Bohrfortschritt beeinflussen.

Ausgehend von der Beschaffenheit des zu durchteufenden Gesteins, wird über die Wechselbeziehungen zwischen Bohrwerkzeug-Ausbildung, Bohrdruck, Drehzahl, Spülstrahlgeschwindigkeit und hydrostatischem Druck gesprochen. Hierbei werden Meß- und Regeleinrichtungen neuester Konstruktion beschrieben.

Bei der Behandlung des Bohrgestänges und der Gestängeverbinder widmet sich der Autor einem sehr aktuellen Problem: Fragen der Beanspruchung, der Ursachen von Brüchen und Maßnahmen zu deren Verhütung werden eingehend besprochen.

Verständlicherweise nimmt das Gebiet der Spülung großen Raum ein. Die verschiedenen Spülungsmedien, ihr Einfluß auf den Bohrfortschritt, ihre Vor- und Nachteile werden erläutert. Auch wird dem Verhalten der Spülung beim Durchteufen verschiedenen Gesteins, den dabei zu verwendenden Spülungszusätzen sowie der Spülungsmessung und -überwachung große Aufmerksamkeit gewidmet.

Es folgt die Besprechung von Bohrlochabweichungen und deren Feststellung durch Meßgeräte verschiedener Konstruktion und Maßnahmen zur Erreichung eines relativ geraden Bohrlochverlaufes. Gleichzeitig werden das gerichtete Bohren sowie die Werkzeuge zur Durchführung einer orientierten Ablenkung beschrieben.

Das Verrohrungsprogramm, die Güte sowie die Beanspruchung der Rohre, einschl. der Sicherheitseinrichtungen, werden erörtert. Die physikalischen Eigenschaften des Tiefbohrzementes, der Einfluß von Zusätzen, Spezialzementschlämmen, der Futterrohreinbau, die Zementiereinrichtungen sowie Spezialzementationen werden gründlich besprochen.

Schließlich werden Fangarbeiten und Fangwerkzeuge, Geräte zur Bestimmung der Ausbeutekapazität, Apparate zum Perforieren sowie Kernapparate behandelt.

Das Dargebotene wird durch zahlreiche gute Abbildungen, Funktionsdarstellungen und Berechnungen ergänzt und unterstützt. Das Buch kann jedem empfohlen werden, ob er nun mit der Bohrtechnik direkt zu tun hat oder sich nur über dieses Gebiet einen Überblick verschaffen will. BAER

Nachrichten und Informationen

50 Jahre im Dienste der Geologie

Im Jahr seines goldenen Doktorjubiläums begeht der Altmeister der Geologie Sachsens, Chefredakteur der Zeitschrift „Geologie" und Seniorgeologe der Staatlichen Geologischen Kommission Prof. Dr. KURT PIETZSCH, auch sein 50. Dienstjubiläum. Am 1. Dezember 1909 trat er in den Dienst des Sächsischen Geologischen Landesamtes. Zuerst unter Anleitung CREDNERS tätig, arbeitete er hier viele Jahre eng mit KOSSMAT zusammen und wurde schließlich sein Nachfolger. Ununterbrochen mit geologischen Aufgaben des Landes Sachsen und anderer Gebiete beschäftigt, leitete er bis vor kurzem den Geologischen Dienst Freiberg der Staatlichen Geologischen Kommission. Für seine erfolgreiche Tätigkeit wurde er mit zahlreichen Auszeichnungen geehrt. So wurde ihm von der Regierung unserer Republik der Titel Hervorragender Wissenschaftler des Volkes verliehen. Die Bergakademie Freiberg ernannte ihn zum Ehrensenator und die Tschechoslowakische Gesellschaft für Mineralogie und Geologie zum Ehrenmitglied. Er ist Träger der Serge-von-Bubnoff-Medaille und Ehrenmitglied der Geologischen Gesellschaft in der DDR, Mitglied der Sektion für Bergbau der Deutschen Akademien der Wissenschaften und Mitglied des Wissenschaftlichen Rates der Staatlichen Geologischen Kommission.

In KURT PIETZSCH verehren wir einen Wissenschaftler, der sich auf fast allen Gebieten der Geologie außerordentliche Verdienste erworben hat. Aus der Fülle seines Schaffens ragen besonders seine Arbeiten über die Braunkohlenlagerstätten, seine Tätigkeit auf dem Gebiet der Kartierung und der Ingenieurgeologie hervor. Projekte wie der Großtagebau Böhlen, die Talsperren Sosa und Cranzahl sind untrennbar mit dem Namen unseres Jubilars verbunden. Von allen Fachkollegen hoch geschätzt, krönte der Altmeister jetzt sein Lebenswerk mit der Fertigstellung der großen „Geologie von Sachsen".

Wir haben den Wunsch, daß er, ein Vorbild für uns alle, noch viele Jahre am Aufbau unseres sozialistischen Deutschlands mitwirken kann.

Ehrung hervorragender Geologen

In einer Feierstunde am 6. Oktober 1959 im Kulturraum der Staatlichen Geologischen Kommission wurden im Auftrage des Staatssekretariats für Hoch- und Fachschulwesen drei hervorragende Geologen unserer Republik mit der Verleihung des Titels „Professor" ausgezeichnet. Die Überreichung der Urkunden an die Herren Dr. HERBERT-LOTHAR HECK, Dr. HEINRICH KÖLBEL und Dr. RUDOLF HOHL erfolgte durch den Seniorgeologen der Staatlichen Geologischen Kommission, Professor Dr. KURT PIETZSCH.

Prof. Dr. H.-L. HECK, Prof Dr. R. HOHL, Prof. Dr. H. KÖLBEL (im Bild von links nach rechts)

Professor Dr. HERBERT-LOTHAR HECK ist seit 1927 ununterbrochen als Geologe tätig. Sein besonderes Verdienst liegt in der umsichtigen Leitung der Kartierungsarbeiten im Lande Mecklenburg zur Herausgabe geologischer Übersichtskarten im Maßstab 1 : 100000. Mit ihm wurde einer der besten Kenner des norddeutschen Quartärs ausgezeichnet. Über dieses Gebiet wurden eine ganze Anzahl Arbeiten von ihm veröffentlicht.

Das Arbeitsgebiet Professor Dr. RUDOLF HOHLs ist vor allem der sächsische Raum. Mit großer Umsicht baute er die Arbeitsstelle des Geologischen Dienstes in Leipzig auf und war dort besonders auf dem Gebiete des Pleistozäns, auf dem Sektor Steine u. Erden und als Hydrogeologe tätig. In hervorragender Weise hat er sich stets für die Qualifizierung der Nachwuchskräfte eingesetzt. 1952 u. 1953 wurde er als Aktivist ausgezeichnet und ist seit dem Jahre 1958 Chefgeologe des Geologischen Dienstes Freiberg.

Professor Dr. HEINRICH KÖLBEL ist seit seiner Promotion im Jahre 1938 auf mehreren Gebieten wissenschaftlich tätig gewesen. Für seine Arbeiten auf dem Gebiete der Kupferlagerstätten und der Erdöl- und Erdgaserkundung wurde er 1951 und 1952 als Aktivist ausgezeichnet. Besondere Verdienste erwarb er sich durch die Erkundung des tieferen Untergrundes des Norddeutschen Flachlandes und durch die tatkräftige Unterstützung der Vorbereitungen für das Basisbohrprogramm. Prof. Dr. KÖLBEL ist seit ihrer Gründung Mitglied der Sektion für praktische Geologie und angewandte Geophysik der Deutschen Akademie der Wissenschaften zu Berlin. he.

Geologische Übersichtskarte von Deutschland (1 : 200000)

Von 1908 bis zum Ende des zweiten Weltkrieges sind nach und nach 39 Einzelblätter der Geologischen Übersichtskarte von Deutschland erschienen. Das Kartonwerk ist jedoch unvollständig geblieben.

Von den das Gebiet der DDR betreffenden 43 Blättern bzw. Teilblättern sind 16 gedruckt worden.

Noch im Dezember 1959 wird nun Blatt Nr. 116, Dresden, erscheinen. Es ist die erste Übersichtskarte 1 : 200000, die nach 1945 fertiggestellt wurde.

Das Blatt wurde von F. HÄRTEL 1945 bearbeitet, es ist aber durch Nachträge verschiedener Autoren auf den neuesten Stand gebracht worden.

Die Karte gibt ganz oder teilweise die Gebiete mehrerer regionaler geologischer Einheiten wieder, und zwar: das Meißner Massiv (bis auf einen kleinen Rest südlich Lommatzsch) mit dem jungpaläozoischen Meißner Porphyrgebiet, Teile des Elbtalschiefergebirges, des Döhlener Rotliegendbeckens und der sächsischen Kreide im Raum Dresden, den Westteil des Lausitzer Granitmassivs mit dem Radeburg-Kamenzer Grauwackengebirge und im Norden einen Teil des Glogau-Baruther Urstromtales. In der SW-Ecke des Blattes treten auch noch Erzgebirgsgneise auf.

Das gesamte nördliche Drittel der Karte wird fast ausschließlich vom Quartär eingenommen. Aber auch im Südteil verhüllen pleistozäne Ablagerungen weitgehend das Grundgebirge, wie es für den gesamten nordsächsischen Raum charakteristisch ist.

Den größten Teil des Grundgebirges machen magmatische und kontakt- sowie regionalmetamorphe Gesteine aus. Hinzuweisen ist u. a. auch auf das im Blattbereich erst in den letzten Jahren bekanntgewordene Devon (bei Wilsdruff), die Einstufung der Lausitzer Grauwacken ins Algonkium sowie auf die Schotter pliopleistozäner Elbeläufe.

Die Farbgebung des Blattes wurde in übersichtlicher, sehr zweckentsprechender Weise vorgenommen. ek.

Erdgas

Gasausbruch bei Marolterode

Am 25. 7. 1959 erfolgte in Thüringen auf einer Erkundungsbohrung des VEB Erdöl und Erdgas unweit von Marolterode ein für deutsche Verhältnisse ungewöhnlich starker Erdgasausbruch. Die Sonde stand in der Nähe einer der Hauptverwerfungen des Schlotheimer Grabens und hatte dort den tektonisch stark zerklüfteten Hauptdolomit des Zechsteins angefahren. Aus den mit Gas angereicherten Klüften erfolgte die Eruption.

Am 9. 8. 59 wurde das aus der Sonde entweichende Gas durch Blitzschlag entzündet. Etwa 24 Stunden später waren aus der Sowjetunion A. A. WASSILJEW, Chefbohringenieur bei der Hauptverwaltung Gas der UdSSR, I. A. GELFGAT, Chefbohringenieur des Wissenschaftlichen Komitees beim Ministerrat der RSFSR, und R. M. MAMIKOJAN, Leiter der Abt. Feuerbekämpfung im Ministerium des Innern der RSFSR, eingetroffen. Es gelang durch kameradschaftliche Zusammenarbeit der sowjetischen und

Abb. 1. Die Sonde unmittelbar nach dem Gasausbruch

Abb. 2. Brennende Sonde nach Zusammenbruch des Turmes

Abb. 3. Nach der Schließung der Sonde

deutschen Fachleute und Arbeiter in kurzer Zeit, die Sonde von den glühenden Teilen des zusammengeschmolzenen Turmes zu säubern und das Löschen des Brandes aufzunehmen. Die Löschung erfolgte nach einem neu entwickelten chemischen Verfahren. Kurz darauf war die Sonde totgepumpt, verschlossen und unter völlige Kontrolle genommen.

Ende August fand bei der Staatlichen Geologischen Kommission in Berlin unter Vorsitz des Leiters, Dipl.-Berging.-Geologe F. STAMMBERGER, die feierliche Verabschiedung der sowjetischen Kollegen statt, denen die deutschen Ingenieure und Wissenschaftler ihren tiefempfundenen Dank für ihre schnelle und kameradschaftliche Hilfe aussprachen. E.

Eisenerze

Um die Eisenerzversorgung Europas

Die Europäische Wirtschaftsgemeinschaft hat 5 Mio $ zur Erforschung von Eisen- und Manganerzvorkommen in Afrika bewilligt. In Guinea, an der Elfenbeinküste, in Kamerun und Gabun sind die ersten geophysikalischen Meßtrupps an der Arbeit. Während in den Gemeinschaftsländern 1958 über 87 Mio t Roherz gefördert wurden, betrug die Eisenerzeinfuhr in die Länder der Montanunion 23,8 Mio t. Das Verhältnis zwischen Produktion und Einfuhr, das seit über 40 Jahren bei 70 : 30 lag, wird im nächsten Jahr bei 60 : 40 liegen. Vor dem letzten Krieg bezog Deutschland den größten Teil der schwedischen Eisenerzförderung, heute nur noch 40%, da das schwedische Erz vorwiegend nach England exportiert wird. Die afrikanischen Exporterze ähneln in ihrem Gehalt denen von Labrador und Venezuela. Sie enthalten 50—60% Fe gegenüber höchstens 30% der Inlanderze.

Während Frankreich z. Zt. praktisch keine Einfuhren benötigt, müssen Deutschland und Italien zwei Drittel ihres Erzbedarfes — auf Fe-Gehalt bezogen — aus dritten Ländern beziehen. Die Niederlande führen alles Eisenerz ein, Belgien bezieht 60% aus Frankreich und Luxemburg und 40% aus Schweden.

EMILE SCHNEIDER („Rheinischer Merkur" Köln v. 26. 6. 59) schlug für den Erztransport aus den praktisch unerschöpflichen Erzlagerstätten von Kanada und Venezuela den Bau von Spezialtransportschiffen bis zu 60000 BRT vor. „Damit wird das Eisenerz ebenso wie das Erdöl zu einer internationalen Handelsware, die nicht mehr auf regionale Absatzwege beschränkt ist. ... Europa braucht also auf weite Sicht keinen Mangel an Eisenerz zu befürchten." E.

Kohle und Eisenerz in Kolumbien

Die gegenwärtig bekannten Kohlenvorräte Kolumbiens sind größer als die aller anderen lateinamerikanischen Staaten zusammen. Sie werden auf 12,5 Mrd. t geschätzt und können z. T. im Tagebau gewonnen werden. 1958 erreichte die Steinkohlenförderung nur 2,5 Mio t. In den Kohlenrevieren treten Eisenerze mit 45—52% Fe auf, deren Vorräte auf 400 Mio t berechnet wurden. Auch der für die Stahlgewinnung nötige Kalk lagert mit etwa 24 Mio t in den Kohlenrevieren. Seit 1954 werden diese Vorkommen von dem Eisen- und Stahlwerk „Paz del Rio" ausgewertet. Kolumbien ist bestrebt, die 250000 t Eisen und Stahl, die bisher jährlich importiert werden mußten, selber zu produzieren. E.

NE-Erze

Neues Nickelvorkommen in Albanien

In Tscherwenak, Distrikt Pogradetz, wurde eine neue Nickelerzgrube aufgetan, aus der in den ersten Wochen etwa 8000 t Erz gewonnen wurden. Die Produktion von Ferronickel hat 1958 in Albanien 88000 t erreicht; im Jahre 1959 wird eine Produktion von 175000 t erwartet. Die geologischen Forschungen zur Erkundung weiterer Nickelerzvorkommen werden in der VR Albanien mit großer Energie fortgesetzt. E.

Blei- und Zinkkrise in den USA

Der USA-Innenminister teilte mit, daß wegen der Krise in den Blei- und Zinkbergwerken die Regierung daran denke, die Einfuhr von Blei- und Zinkerzeugnissen zu beschränken bzw. sich weiter um eine globale Produktionseinschränkung zu bemühen. Die Bestrebungen der Regierung zielen darauf hin, den Preis für Blei und Zink bei $15^1/_2$ bzw. $13^1/_2$ cts. pro lb zu stabilisieren und eine ständige inländische Erzeugung von 350000 t Blei und 550000 t Zink zu ermöglichen. E.

Die Zink-Weltproduktion

Die nachstehende Aufstellung ist dem Geschäftsbericht der belgischen Zinkgesellschaft Mines et Fonderies de Zinc de la Vieille-Montagne für das Jahr 1958 entnommen:

	1957 (in t)	1958 (in t)
Vereinigte Staaten	939300	752000
Kanada	224400	228800
Belgien	234400	213800
Westdeutschland	186100	170300
Frankreich	128300	148000
Japan	138000	141000
Australien	112100	116600
Großbritannien	78100	75700
Italien	77800	73800
Mexiko	56600	57500
Belgisch-Kongo	49200	53400
Norwegen	47900	45100
Jugoslawien	29500	31200
Nordrhodesien	30000	30700
Peru	29500	29100
Niederlande	30100	26800
Spanien	21600	24300
Argentinien	14000	14400
Österreich	9200	10700

E.

Bauxitvorkommen Hawaiis

Das Bergbaubüro der USA hat beschlossen, eine umfangreiche Bemusterung der Bauxitvorkommen von Hawaii durchzuführen. Der Schwerpunkt der Bauxitvorkommen befindet sich auf der Insel Kauai. Die dort entnommenen 8 Proben von je ca. 200 lbs werden im Laboratorium des Bergbaubüros in Rolla (Montana) untersucht werden.

Das auszuarbeitende Projekt über die Bauxitgewinnung beruht auf einem Vertrag über die wirtschaftliche Zusammenarbeit zwischen dem USA-Festland und den Hawaii-Inseln, der die bisherigen vorläufigen Vereinbarungen außer Kraft gesetzt hatte. Das Bureau of Mines ist der Ansicht, daß die Bauxitlager auf Hawaii so ausgedehnt sind, daß sich weitere eingehende Untersuchungsarbeiten rechtfertigen lassen. E.

Sonstiges

Standorte der sowjetischen Chemiebetriebe

Einem Beitrag „Sowjetische Chemieindustrie den USA auf den Fersen", den die „Presse der Sowjetunion" Nr. 63 vom 29. 5. 1959, S. 1448—1453, veröffentlichte, entnehmen wir den Abschnitt, der sich mit den Standorten der chemischen Betriebe befaßt:

„Während der Schwerpunkt der chemischen Industrie bis zum zweiten Weltkriege in den westlichen und mittleren Gebieten des europäischen Teiles der Sowjetunion lag, verschiebt er sich jetzt in den Osten des Landes, wo bis zu diesem Zeitpunkt fast gar keine chemischen Betriebe vorhanden waren. Die im August 1958 in Irkutsk durchgeführte Konferenz über die Entwicklung der östlichen Gebiete brachte auch für die chemische Industrie eine Neuorientierung. Denn in den vergangenen drei Jahren sind im östlichen Teil der Sowjetunion umfangreiche Lagerstätten wichtiger Rohstoffe festgestellt worden. Es handelt sich darum, die Förderung dieser Rohstoffe in Gang zu bringen und auf dieser Grundlage die entsprechenden Industriezweige zu entwickeln.

Außerdem wird eine rationellere Verteilung der einzelnen Chemiebetriebe angestrebt. Eine Reihe von chemischen Großbetrieben arbeitet nämlich mit Rohstoffen, die über weite Strecken herantransportiert werden müssen. Im Gegensatz dazu wird im Siebenjahrplan gefordert, neue Chemiebetriebe in der Nähe der Rohstoffquellen und Energieressourcen sowie in den Gebieten, die Abnehmer von chemischen Erzeugnissen sind, zu schaffen. Die Forderung, für die organische Synthese Erdgase und Gase der Erdölverarbeitung zu verwenden, bestimmt die Standortverteilung einer beträchtlichen Gruppe von Chemiebetrieben. Um die für die Erzeugung synthetischer Stoffe besonders wertvollen Butane und Pentane auszunutzen, an denen die Erdölbegleitgase Baschkiriens, Tatariens und des Kuibyschewer Gebiets besonders reich sind, werden in diesen Gebieten entsprechende Chemiebetriebe entstehen. In Sibirien werden Betriebe zur Erzeugung von synthetischem Kautschuk geschaffen, die den Kautschukbedarf in den östlichen Teilen des Landes auf der Basis der bei der Erdölverarbeitung anfallenden Gase befriedigen ...

In der Belorussischen SSR wird ein Kalikombinat errichtet. Auf der Grundlage der Entdeckung großer Erdgasvorkommen in verschiedenen Teilen des Landes und der Schaffung eines verzweigten Gasleitungsnetzes, das sowohl den europäischen Teil der UdSSR als auch viele Gebiete Mittelasiens erfaßt, ist es möglich, Stickstoffabriken in den wichtigsten Verbrauchergebieten zu schaffen ...

Rationeller verteilt werden auch die Betriebe zur Phosphaterzeugung. So ist in der Aserbaidshanischen SSR mit dem Bau eines Superphosphatbetriebes begonnen worden, der den Bedarf des Transkaukasus an Phosphatdünger vollkommen decken wird."

Von der erfolgreichen geologischen Erkundung und der Förderung der ihr folgenden bergbaulichen Betriebe hängen also die Standorte vieler neu zu gründender chemischer Großbetriebe ab. E.

Untersuchung der Mohorovicic-Grenzschicht

Vier amerikanische Forschungsschiffe sind damit beschäftigt, in dem 320 km langen und 240 km breiten „Äußeren Rücken", der im Atlantik zwischen der „Meeres-Tiefebene" und dem „Puerto-Ricanischen Graben" liegt, einen Bohransatzpunkt zur Untersuchung der Mohorovicic-Schicht festzulegen. Es sind dies die „Vena" vom Geologischen Institut der Columbia-Universität, die „Gibbs", ein ehemaliges Flugzeugmutterschiff, mit weiteren Wissenschaftlern der Columbia-Universität bemannt, die „Bear" vom Ozeanographischen Institut Woods Hole und die „Hidalgo" vom Armee- und Marine-College in Texas. Der Rücken erhebt sich bis 4200 m unter dem Wasserspiegel. Zunächst werden von den Geologen Bodenproben vom Meeresboden bis etwa 24 m Tiefe entnommen. Die Kosten der beabsichtigten Tiefbohrung werden auf 5—10 Mio $ geschätzt. Das Projekt leitet Dr. GORDON HILL, Vorsitzender des Amsoc-Mohol-Ausschusses. E.

Fahrbares Spülungslaboratorium

Einem Spülungslaboratorium der ÖMV wurde ein Laborwagen zur Verfügung gestellt, um unmittelbar an der Bohrung Spülprobenuntersuchungen vornehmen zu können. Auf dem 1,5-t-Lkw-Fahrgestell eines Mercedes 319 wurde ein Spezialaufbau angebracht, der einen 300-l-Wasserbehälter über dem Führerhaus, Preßluft- und Propangasflaschen, einen Durchlauferhitzer, eine Doppelkochplatte, zwei Waschbecken, einen großen Labortisch, einen Schreibtisch und eine Schlafgelegenheit beinhaltet. An Geräten sind vorhanden: ein Hydrometer, eine Baroidbalancewaage, ein Marsh-Trichter, ein Fann- und ein Stormer-Viskosimeter, Sandmeßgeräte und sonstiger Laborbedarf. Durch das fahrbare Labor wird es auch möglich werden, schwierige Spülungsprobleme an Ort und Stelle zu lösen. E.

Internationales Schwefelinstitut

Die Gesellschaft Rio Tinto gab bekannt, daß auf einer Tagung in Paris am 22. Mai d. J. von Pyrit- und Schwefelproduzenten beschlossen wurde, eine Gesellschaft zu gründen, die sich mit der Erforschung neuer Verwendungsmöglichkeiten für Schwefel beschäftigen soll. Die neue Gesellschaft trägt die Bezeichnung „Internationales Schwefelinstitut" E.

Atomkonferenz von Stresa

Das Ergebnis der 3. im Rahmen der OEEC veranstalteten europäischen Konferenz über die industriellen Aussichten der Kernenergieverwertung faßt der „Industriekurier" vom 23. 5. 1959 folgendermaßen zusammen:

„Keine Schwierigkeiten für die Uranversorgung der westlichen Welt in der übersehbaren Zukunft, aber Unsicherheit über die Entwicklung in der ferneren Zukunft, abnehmende Bedeutung der staatlichen Kontrolle der Uranversorgung in der Gegenwart und keine Bildung von Angebotsmonopolen, sondern weitgehende Normalisierung des Uranmarktes, allmähliche Stabilisierung des Uran-Oxydpreises bei etwa 18 Dollar je kg mit der Möglichkeit weiterer Preissenkungen — das sind die wichtigsten Ergebnisse der Diskussionen über die Uranversorgung." E.

Synthetische Quarzkristalle

Über die Entwicklungsarbeiten zur Produktion synthetischer Quarzkristalle in den amerikanischen Bell-Telephone-Laboratorien berichtet die britische Fachzeitschrift „The Engineer", London, vom 27. Februar. Abgesehen von der durch die synthetische Produktion gesicherten gleichmäßigen Versorgung mit Quarzkristallen sollen diese Kristalle, die sich bis zu einer Breite von 5—7,5 cm (2—3 inches) und einer Höhe von 12,5—15 cm (5—6 inches) ausbilden lassen, durch ihre absolute Reinheit und den kontrollierten Kristallaufbau eine wesentlich leichtere Weiterverarbeitung und einen präziseren Einsatz gestatten. E.

Plasten ersetzen Metalle

5000 bis 7000 t Plaste benötigt der sowjetische Werkzeugmaschinenbau am Ende des Siebenjahrplans jährlich zur Verarbeitung. Dieses Material ersetzt nahezu 25000 t Metall. Gleichzeitig erhöht sich der Ausnutzungsgrad der unter Verwendung von Plasten hergestellten Maschinen. Um den Bedarf zu decken, steigt die Produktion von Plasten und Kunstharzen bis 1965 auf das Siebenfache, die Erzeugung von synthetischen Fasern auf das 12- bis 13fache, und das Sortiment der Chemieindustrie vergrößert sich auf 2000 verschiedene Artikel aus Plasten. E.

Rudolf Hundt zum 70. Geburtstag

Am 31. Juli 1959 hat der in Gera beheimatete Geologe RUDOLF HUNDT sein 70. Lebensjahr vollendet. Er ist weiten Fachkreisen als Spezialist für Graptolithen gut bekannt. Bereits 1909 entstand seine erste Publikation über Graptolithen des deutschen Silurs. In zahlreichen Veröffentlichungen, die weit über das Gebiet der Paläontologie hinausgehen, hat er geologische und lagerstättenkundliche Fragen seines Heimatgebietes behandelt. Die geologische Wissenschaft hat ihm viel zu danken. Unsere Zeitschrift wünscht RUDOLF HUNDT für seine weiteren Forschungsarbeiten viel Erfolg und volle Gesundheit. E.

Kurznachrichten

Nach einem **sowjetisch-albanischen Abkommen** wird die Sowjetunion Albanien beim Bau von Industriebetrieben, Kraftwerken, Stromleitungen, Erdöl- und Gasleitungen sowie bei geologischen Erkundungsarbeiten technische Hilfe leisten.

Die **Aufschlußbohrung Brie 101,** 50 km südöstlich von Paris bzw. 15 km östlich von Chailly-en-Bière, traf in 1632 und 1642 m Teufe auf zwei ölführende Doggerhorizonte, die bei Förderversuchen zusammen rd. 7 t/h schwefelfreies Öl ergaben. Man hofft, demnächst etwa 50 tato Rohöl fördern zu können.

Im Mitteliran wurde die **Aufschlußbohrung Saradjeh 2,** rd. 50 km südöstlich von Qum, in 2440 m Teufe mit einer Anfangsproduktion von 10 tato fündig. Das Öl ist schwefelfrei und hat ein spezifisches Gewicht von 0,80.

Im **Scheichtum Abu Dhabi** erbrachte eine Aufschlußbohrung 8 km südlich von Murban (Seeräuberküste) in 2165 m Teufe erfolgversprechende Ölspuren.

Bei Ölbohrungen wurden in **Pakistan** bei Dhariala im Distrikt Jhelum ausgedehnte Lager hochkonzentrierter **Kalisalze** entdeckt.

1960 wird das **Erdgaskraftwerk bei Lacq,** das den Strom für die jährliche Gewinnung von 53000 t **Aluminium** liefern wird, gleichzeitig mit einem neuen Stickstoff- und Kunstdüngerwerk den Betrieb aufnehmen.

Methangas wurde in **Süditalien** bei Ferrandina, etwa 200 km von Neapel und 100 km von Tarent entfernt, in 700—900 m Tiefe erbohrt. Die beiden ersten Sonden hatten eine Ergiebigkeit von je 30000—40000 m^3/Tag. Zwei Nachfolgebohrungen erbrachten je 100000 m^3/Tag.

In **Britisch-Kolumbien** wurden im Gebiet von Jedney besonders ergiebige **Erdgasvorkommen** erbohrt.

In der **Sowjetunion** stehen 45 **Tagebaue** mit einer jährlichen mittleren Produktion von $1{,}72 \cdot 10^6$ t **Kohle** je Tagebau in Betrieb. Die größten Tagebaue befinden sich bei Ekibastus, Irschaborodinsk und Nasarowsk.

Die **Eisenerzvorräte Kasachstans** wurden auf 14 Mrd t berechnet.

Im ersten Quartal 1959 ging der Absatz von **Salzgitter-Erz** auf 503100 t gegenüber 539000 t im 4. Quartal des vergangenen Jahres zurück. Die Haldenbestände stiegen von 346000 t auf 478000 t an, was etwa einer Monatsförderung dieses größten westdeutschen Erzrevieres entspricht.

Geologische Erkundungen in der Umgebung des **ungarischen Manganbergwerkes bei Urkut** haben neue große Vorratsmengen aufgeschlossen.

In **Ilmenau** wird ein Zentralschacht im Laufe des Siebenjahrplans abgeteuft und fertiggestellt, der zu einer Konzentration der Produktion von **Flußspat** und zu einer erheblichen Steigerung der Arbeitsproduktivität führen wird.

An einem Salzsee im südlichen Teil der **Provinz Shansi** (Nordchina) wird ein Werk für die Produktion von wasserfreiem **Natriumsulfat** mit einer Jahreskapazität von 150000 t errichtet. Bereits 1958 wurden dort 79% des gesamten Bedarfes der Volksrepublik an wasserfreiem Natriumsulfat gewonnen.

Der VEB **Bleierzgruben „Albert Funk"** wird bis 1965 seine Produktion von Blei um 22%, von Zink um 60% und von Schwefelkies um 66% steigern.

Die Förderung von **österreichischem Rohmagnesit** erhöhte sich 1958 um 5% gegenüber dem Vorjahr und lag bei 1230000 t. Die Produktion von **Sintermagnesit** erreichte etwa 424000 t.

Auf der Landenge von **Tehuantepec** (Mexiko) wurden neue **Schwefelvorkommen** mit ca. 2,5 Mio t Vorräten erkundet. Von den 127 Bohrstellen erwiesen sich 29 als schwefelträchtig und hiervon 8 als abbauwürdig.

In **Kolumbien** wurde der **Quecksilberbergbau** auf der Lagerstätte im Caldas-Departement, die metallisches Quecksilber führt, das mit Kellen geschöpft werden kann, wieder aufgenommen. Über die Förderung sind Angaben noch nicht verfügbar.

An unsere Leser!

Zusammen mit diesem Heft werden den Beziehern kostenlos Einbanddecken und das Inhaltsverzeichnis für den Jahrgang 5 unserer Zeitschrift zur Verfügung gestellt. Sollten einige unserer Abonnenten nicht in den Besitz der Einbanddecken gelangen, bitten wir sie, sich mit der Vertriebsabteilung des Akademie-Verlages in Verbindung zu setzen.

Wir wünschen unseren Lesern und Mitarbeitern ein erfolgreiches Jahr 1960.

Die Redaktion

FSC
www.fsc.org
MIX
Papier | Fördert gute Waldnutzung
FSC® C083411

Zeitfracht Medien GmbH
Ferdinand-Jühlke-Straße 7
99095 Erfurt, Deutschland
produktsicherheit@kolibri360.de